中国清洁发展机制基金赠款项目

钢铁行业温室气体
减排机会指南

杨宏伟　郭敏晓◎著

Opportunities and Guidelines for Steel Enterprises to
Reduce Greenhouse Gas Emissions

U0350929

中国经济出版社
CHINA ECONOMIC PUBLISHING HOUSE

·北京·

图书在版编目（CIP）数据

钢铁行业温室气体减排机会指南／杨宏伟，郭敏晓 著．
—北京：中国经济出版社，2019.12
ISBN 978-7-5136-5353-4

Ⅰ．①钢… Ⅱ．①杨… ②郭… Ⅲ．①钢铁企业—温室效应—有害气体—节能

减排—中国—指南 Ⅳ．①X511-62

中国版本图书馆 CIP 数据核字（2019）第 208532 号

责任编辑　姜　静　赵立颖
责任印制　马小宾
封面设计　任燕飞设计工作室

出版发行　中国经济出版社
印　刷　者　北京柏力行彩印有限公司
经　销　者　各地新华书店
开　　　本　710mm×1000mm　1/16
印　　　张　12.75
字　　　数　147 千字
版　　　次　2019 年 12 月第 1 版
印　　　次　2019 年 12 月第 1 次
定　　　价　78.00 元

广告经营许可证　京西工商广字第 8179 号

中国经济出版社 网址 www.economyph.com 社址 北京市东城区安定门外大街 58 号 邮编 100011
本版图书如存在印装质量问题，请与本社销售中心联系调换（联系电话：010-57512564）

前　言

在应对气候变化和减少人为温室气体排放的背景下，能源密集型的钢铁工业的节能减排占有重要位置，而我国由于钢铁生产规模庞大，使得我国钢铁行业的减排具有十分突出的意义。目前我国钢铁行业面临着产能过剩矛盾加剧、自主创新水平不高、资源环境约束增强、企业经营亟须规范等问题，国家出台了《钢铁工业调整升级规划（2016—2020年）》《国务院关于钢铁行业化解过剩产能实现脱困发展的意见》《关于推进实施钢铁行业超低排放的意见》等一系列指导文件，指导和帮助钢铁行业转型升级发展。行业发展形势和市场的现实倒逼压力，迫使钢铁企业采取措施，走向先进、高效和节能的发展道路，这是一种机遇，也是钢铁企业的必然选择。

大量案例和实践表明，钢铁企业在采取节能措施实现节能和减少温室气体排放的同时，常规大气污染的排放也有所减少，生产效益得到提升，可以称之为钢铁行业温室气体减排的协同效益。这种协同效益，也是钢铁企业主动进行节能减排升级改造的动力之一。

我国钢铁企业在温室气体减排方面仍面临诸多挑战：一是企业缺少明确的温室气体减排目标，减排动力不足；二是钢铁行业低碳技术仍处于发展和完善阶段，有些减排技术成本过高，难以推广；三是我国钢铁企业缺乏能源管理和温室气体排放控制相关知识，对温室气体排放量计算、产品碳足迹相关方法学等不够熟悉；四是部分钢铁企业不具备提出本企业减排温室气体技术方案的能力，不能及时、准确地识别减排潜力和机会。

本书详细介绍了钢铁行业温室气体排放量和减排量的核算方法，从多个角度系统分析了钢铁行业可能存在的减排机会，结合国内外钢铁行业的生产现状与趋势，以及能源利用与碳排放的现状与趋势，阐述了我国钢铁行业节能减排所面临的国际国内压力，阐释了钢铁行业碳元素流动的基本原理，提出了减排技术的一般性遴选方法，列举了未来几年的重点减排技术，并进行了成本分析，最后给出了有利于减排的政策建议。

本书主要内容基于国家发展和改革委员会能源研究所完成的中国清洁发展机制基金资助项目"重点温室气体排放企业减排机会指南研究"，在此对中国清洁发展机制基金的支持表示感谢。本书的研究结论和建议仅代表课题组的观点，不反映所属机构和单位的立场。疏漏和不当之处，敬请批评指正。

著者

2019 年 11 月

目　录

第1章

总　则

钢是一种由铁、0.02%~2%重量的碳和少量其他元素（如锰、钼、铬、镍等）组成的合金，根据其化学组成（碳和其他元素）的不同而具有广泛的特性。这使得钢成为世界上主要的结构材料之一，广泛应用在建筑、交通、制造业和许多消费产品上。世界钢铁产量一直在稳步增加，并且增速从 2000 年开始加快，其主要需求来自新兴经济体。目前中国的钢产量占世界的一半左右。

钢铁生产是一个能源密集和碳密集的过程，是全球人为碳排放的主要来源之一。有关钢铁生产的能源消耗和碳排放的情况，将在本书相关章节中分别论述。

1.1 背景

气候变化是当今人类社会面临的共同挑战。工业革命以来的人类活动，特别是发达国家大量消费化石能源所产生的二氧化碳累积排放，导致大气中温室气体浓度显著增加，加剧了以变暖为主要特征的全球气候变化。气候变化对全球自然生态系统产生显著影响，如温度升高、海平面上升、极端气候事件频发等，给人类的生存和发展带来了严峻挑战。气候变化作为全球性问题，需要国际社会携手应对。多年来，各缔约方在《联合国气候变化框架公约》实施进程中，按照共同但有区别的责任原则、公平原则、各自能力原则，不断强化合作行动，取得了积极进展。

2015 年，《联合国气候变化框架公约》近 200 个缔约方一致同意通过《巴黎协定》。《巴黎协定》指出，各方将加强对气候变化威胁的全球应对，把全球平均气温较工业化前水平升高控制在 2 摄氏度之内，并为把升温控制在 1.5 摄氏度之内而努力。全球应尽快实现温室气体排放达峰，并于 21 世纪下半叶实现温室气体净零排放。根据协议，各方将以"自主贡献"的方式参与全球应对气候变化行动。发达国家将继续带头减排，并加强对发展中国家的资金、技术和能力建设的支持，帮助后者减缓和适应气候变化。

我国是拥有超过 13 亿人口的发展中国家，是遭受气候变化不利影响最为严重的国家之一。我国正处在工业化、城镇化快速发展阶段，面临着发展经济、消除贫困、改善民生、保护环境、应对气候变化等多重挑战。积极应对气候变化，努力控制温室气体排放，提高适应气候变化的能力，不仅是中国保障经济安全、能源安全、生态安全、粮食安全以及人民生命财产安全，实现可持续发展的内在要求，也是深度参与全球治理、打造人类命运共同体、推动全人类共同发展的责任担当。

世界各国减排目标的实现，最终要依靠人类生产生活方式朝更加低碳和节能的方向迈进，而众多能源高密度领域，如交通、高耗能工业生产、建筑等领域的节能低碳行动则尤为重要。从领域和行业的视角来讨论如何应对气候变化问题由来已久。钢铁行业是世界许多国家的支柱型产业之一，行业内的材料、信息、技术、工艺和管理等具有许多共性。但各国钢铁行业由于各国社会经济发展阶段不同而处于不同的发展状态和行业水平，加之所处地域特点不同，工艺设备用能特点又千差万别，因此，在提高能效和减少温室气体排放等方面，值得在行业内部互相参照，提高技术和管理水平，推广应用先进措施、成功经验和优秀实践。

1.2　方法与结构

本书给出了钢铁企业温室气体排放量的详细计算方法，从各个角度分析了钢铁企业可能存在的减排机会以及在采取减排的技术措施时可以参考的指标体系。

本书分析了国际钢铁行业的发展现状，以及节能及碳排放的现状与实践，结合当前国际经济社会发展现状，指出高效、绿色、低碳是未来钢铁行业发展的必然趋势。并且，通过对国内外钢铁行业碳排放特点的分析，指出世界各国钢铁行业具有相同的低碳发展路径。国外的成功经验和优秀案例，可以为我国钢铁行业的低碳发展提供宝贵的借鉴。

本书对我国钢铁行业发展及能耗与碳排放情况进行分析，结合我国现阶段节能减排、低碳发展的大环境与政策，以及相关约束性指标，指出我国钢铁行业的温室气体减排既是责任和挑战，也为钢铁行业转型升级发展提供了机遇。

目前，对我国钢铁企业来说，技术减排仍然是最为关键和重要的。本书对钢铁生产工艺流程及其各工序能耗及碳排放情况进行了详细阐释，为控制钢铁行业各工序实施碳减排提供了基本原理、数据和理论基础。不仅给出了钢铁行业减排技术选择的一般性方法，还列出了一些具体的减排技术选择的案例，进行了投资回报、成本效益方面的评估。此外，本书给出了碳捕获与封存技术的发展前景，并就此进行了成本分析与讨论。

在政策建议部分，本书详细分析了钢铁企业节能减排可能考虑的角度，从优化生产流程、优化原材料结构和提高原材料使用效率、改进生产工艺、优化用能结构、实施低碳技术措施、优化管理等方面进行了理论探讨和趋势分析，明确了钢铁企业低碳发展的路径。附录给出了美国钢铁行业能效提升和温室气体减排适用技术，供我国钢铁企业对照参考。

本书的研究框架如图 1-1 所示。

图 1-1　研究框架

第2章

钢铁行业温室气体减排评估方法

2.1 钢铁行业温室气体排放核算方法

2013 年 10 月，国家发改委发布了首批 10 个行业企业温室气体排放核算方法与报告指南，其中包含钢铁行业。以下为《中国钢铁生产企业温室气体排放核算方法与报告指南（试行）》（以下简称《指南》）中关于温室气体排放核算方法的部分。本书在钢铁企业温室气体排放核算方面参考该指南执行。

2.1.1 术语与定义

（1）温室气体。

温室气体指大气中那些吸收和重新放出红外辐射的自然的和人为的气态成分。本书中的温室气体是指《京都议定书》中所规定的六种温室气体，分别为二氧化碳（CO_2）、甲烷（CH_4）、氧化亚氮（N_2O）、氢氟碳化物（HFCs）、全氟化碳（PFCs）和六氟化硫（SF_6）。

（2）报告主体。

报告主体是指具有温室气体排放行为并应核算的法人企业或视同法人的独立核算单位。

（3）钢铁生产企业。

钢铁生产企业主要是指从事黑色金属冶炼、压延加工及制品生产的企业。按产品种类可分为钢铁产品生产企业、钢铁制品生产企业；按生产流程又可分为钢铁生产联合企业、电炉短流程企业、炼铁企业、炼钢企业和钢材加工企业。

（4）燃料燃烧排放。

化石燃料与氧气进行充分燃烧产生的温室气体排放。

（5）工业生产过程排放。

原材料在工业生产过程中除燃料燃烧之外的物理或化学变化造成的温室气体排放。

（6）净购入使用的电力、热力产生的排放。

企业消费的净购入电力和净购入热力（如蒸汽）所对应的电力或热力生产环节产生的二氧化碳排放。

（7）固碳产品隐含的排放。

固化在粗钢、甲醇等外销产品中的碳所对应的二氧化碳排放。

（8）活动水平。

量化导致温室气体排放或清除的生产或消费活动的活动量，如每种燃料的消耗量、电极消耗量、购入的电量、购入的蒸汽量等。

（9）排放因子。

与活动水平数据相对应的系数，用于量化单位活动水平的温室气体排放量。

（10）碳氧化率。

燃料中的碳在燃烧过程中被氧化的百分比。

2.1.2　核算边界

报告主体应核算和报告其所有设施和业务产生的温室气体排放。设施和业务范围包括直接生产系统、辅助生产系统，以及直接为生产服务的附属生产系统，其中，辅助生产系统包括动力、供电、供水、化验、机修、库房、运输等，附属生产系统包括生产指挥系统（厂部）与厂区内为生产服务的部门和单位（如职工食堂、车间浴室、保健站等）。钢铁生产企业温室气体排放及核算边界见图2-1。

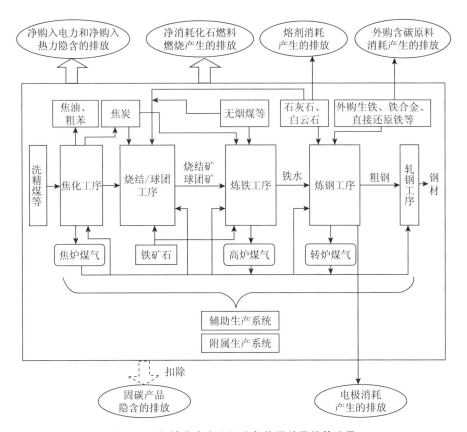

图2-1　钢铁生产企业温室气体排放及核算边界

具体而言，钢铁生产企业的温室气体排放核算和报告包括以下范围：

（1）燃料燃烧排放。

净消耗的化石燃料燃烧产生的二氧化碳排放，包括钢铁生产企业内固定源排放（如焦炉、烧结机、高炉、工业锅炉等固定燃烧设备），以及用于生产的移动源排放（如运输用车辆及厂内搬运设备等）。

（2）工业生产过程排放。

钢铁生产企业在烧结、炼铁、炼钢等工序中由于其他外购含碳原料（如电极、生铁、铁合金、直接还原铁等）和熔剂的分解和氧化产生的二氧化碳排放。

（3）净购入使用的电力、热力产生的排放。

企业净购入电力和净购入热力（如蒸汽）隐含产生的二氧化碳排放。该部分排放实际发生在电力、热力生产企业。

（4）固碳产品隐含的排放。

钢铁生产过程中有少部分碳固化在企业生产的生铁、粗钢等外销产品中，还有一小部分碳固化在以副产煤气为原料生产的甲醇等固碳产品中，这部分固化在产品中的碳所对应的二氧化碳排放应予以扣除。

2.1.3 核算方法

报告主体进行企业温室气体排放核算和报告的完整工作流程基本包括以下六个步骤：

第一步，确定核算边界；

第二步，识别排放源；

第三步，收集活动水平数据；

第四步，选择排放因子，获取数据；

第五步，分别计算燃料燃烧排放，工业生产过程排放，净购入使用的电力、热力产生的排放以及固碳产品隐含的排放；

第六步，汇总计算企业温室气体排放总量。

钢铁生产企业的二氧化碳排放总量等于企业边界内所有的化石燃料

燃烧排放量，工业生产过程排放量及企业净购入使用的电力、热力隐含产生的二氧化碳排放量之和，还应扣除固碳产品隐含的排放量，按式（2-1）计算。

$$E_{CO_2} = E_{燃烧} + E_{过程} + E_{电和热} - R_{固碳} \qquad (2-1)$$

式中：

E_{CO_2} 为企业二氧化碳排放总量，单位为吨（tCO_2）；

$E_{燃烧}$ 为企业所有净消耗化石燃料燃烧活动产生的二氧化碳排放量，单位为吨（tCO_2）；

$E_{过程}$ 为企业工业生产过程中产生的二氧化碳排放量，单位为吨（tCO_2）；

$E_{电和热}$ 为企业净购入使用的电力、热力产生的二氧化碳排放量，单位为吨（tCO_2）；

$R_{固碳}$ 为企业固碳产品隐含的二氧化碳排放量，单位为吨（tCO_2）。

2.1.3.1 燃料燃烧排放

（1）计算公式。

燃料燃烧活动产生的二氧化碳排放量是企业核算和报告期内各种燃料燃烧产生的二氧化碳排放量的加总，按式（2-2）计算。

$$E_{燃烧} = \sum_{i=1}^{n} AD_i \times EF_i \qquad (2-2)$$

式中：

$E_{燃烧}$ 为核算和报告期内净消耗化石燃料燃烧产生的二氧化碳排放量，单位为吨（tCO_2）；

AD_i 为核算和报告期内第 i 种化石燃料的活动水平，单位为百万千焦（GJ）；

EF_i 为第 i 种化石燃料的二氧化碳排放因子，单位为 tCO_2/GJ；

i 为净消耗化石燃料的类型。

核算和报告期内第 i 种化石燃料的活动水平 AD_i 按式（2-3）计算。

$$AD_i = NCV_i \times FC_i \qquad (2-3)$$

式中：

NCV_i 是核算和报告期第 i 种化石燃料的平均低位发热量，若为固体或液体燃料，单位为百万千焦/吨（GJ/t）；若为气体燃料，单位为百万千焦/万立方米（GJ/万 Nm³）；

FC_i 是核算和报告期内第 i 种化石燃料的净消耗量，若为固体或液体燃料，单位为吨（t）；若为气体燃料，单位为万立方米（万 Nm³）。

化石燃料的二氧化碳排放因子按式（2-4）计算。

$$EF_i = CC_i \times OF_i \times \frac{44}{12} \qquad (2-4)$$

式中：

CC_i 为第 i 种化石燃料的单位热值含碳量，单位为吨碳/百万千焦（tC/GJ）；

OF_i 为第 i 种化石燃料的碳氧化率，单位为%。

（2）活动水平数据获取。

根据核算和报告期内各种化石燃料购入量、外销量、库存变化量以及除钢铁生产之外的其他消耗量来确定各自的净消耗量。化石燃料购入量、外销量采用采购单或销售单等结算凭证上的数据，库存变化量采用计量工具读数或其他符合要求的方法来确定，钢铁生产之外的其他消耗量从企业能源平衡表获取数据，按照式（2-5）计算。

净消耗量=购入量+（期初库存量-期末库存量）-

钢铁生产之外的其他消耗量-外销量 （2-5）

企业可选择采用《指南》提供的化石燃料平均低位发热量缺省值。具备条件的企业可开展实测，或委托有资质的专业机构进行检测，也可采用与相关方的结算凭证中提供的检测值。如采用实测方法，化石燃料低位发热量检测应遵循《GB/T 213 煤的发热量测定方法》《GB/T 384 石油产品热值测定法》《GB/T 22723 天然气能量的测定》等相关标准。

（3）排放因子数据获取。

企业可采用《指南》所提供的单位热值含碳量和碳氧化率缺省值。

2.1.3.2　工业生产过程排放

（1）计算公式。

工业生产过程中产生的二氧化碳排放量按式（2-6）～式（2-9）计算。

$$E_{过程} = E_{熔剂} + E_{电极} + E_{原料} \qquad (2-6)$$

熔剂消耗产生的二氧化碳排放为：

$$E_{熔剂} = \sum_{i=1}^{n} P_i \times EF_i \qquad (2-7)$$

式中：

$E_{熔剂}$ 为熔剂消耗产生的二氧化碳排放量，单位为吨（tCO_2）；

P_i 为核算和报告期内第 i 种熔剂的净消耗量，单位为吨（t）；

EF_i 为第 i 种熔剂的二氧化碳排放因子，单位为 tCO_2/t 熔剂；

i 为消耗熔剂的种类（白云石、石灰石等）。

电极消耗产生的二氧化碳排放为：

$$E_{电极} = P_{电极} \times EF_{电极} \qquad (2-8)$$

式中：

$E_{电极}$ 为电极消耗产生的二氧化碳排放量，单位为吨（tCO_2）；

$P_{电极}$ 为核算和报告期内电炉炼钢及精炼炉等消耗的电极量，单位为吨（t）；

$EF_{电极}$ 为电炉炼钢及精炼炉等所消耗电极的二氧化碳排放因子，单位为 tCO$_2$/t 电极。

外购生铁等含碳原料消耗而产生的二氧化碳排放为：

$$E_{原料} = \sum_{i=1}^{n} M_i \times EF_i \qquad (2\text{-}9)$$

式中：

$E_{原料}$ 为外购生铁、铁合金、直接还原铁等其他含碳原料消耗而产生的二氧化碳排放量，单位为吨（tCO$_2$）；

M_i 为核算和报告期内第 i 种含碳原料的购入量，单位为吨（t）；

EF_i 为第 i 种购入含碳原料的二氧化碳排放因子，单位为 tCO$_2$/t 原料；

i 为外购含碳原料类型（如生铁、铁合金、直接还原铁等）。

（2）活动水平数据获取。

熔剂和电极的净消耗量采用式（2-5）计算，含碳原料的购入量采用采购单等结算凭证上的数据。

（3）排放因子数据获取。

采用《国际钢铁协会二氧化碳排放数据收集指南（第六版）》中的相关缺省值作为熔剂、电极、生铁、直接还原铁和部分铁合金的二氧化碳排放因子。具备条件的企业也可委托有资质的专业机构进行检测或采用与相关方的结算凭证中提供的检测值。石灰石、白云石排放因子检测应遵循《石灰石、白云石化学分析方法二氧化碳量的测定》标准进行；含铁物质排放因子可由相对应的含碳量换算而得，含铁物质含碳量检测应遵循《GB/T 223.6 钢铁及合金碳含量的测定管式炉内燃烧后气体容量法》《GB/T 223.86 钢铁及合金总碳含量的测定感应炉燃烧后红外吸收法》《GB/T 4699.4 铬铁和硅铬合金碳含量的测定红外线吸收法和重量法》《GB/T 4333.10 硅铁化学分析方法红外线吸收法测定碳量》《GB/T 7731.10 钨铁化学分析方法红外线吸收法测定碳量》《GB/T

8704.1 钒铁碳含量的测定红外线吸收法及气体容量法》《YB/T 5339 磷铁化学分析方法红外线吸收法测定碳量》《YB/T 5340 磷铁化学分析方法气体容量法测定碳量》等相关标准。

2.1.3.3　净购入使用的电力、热力产生的排放

（1）计算公式。

净购入使用的电力、热力（如蒸汽）隐含产生的二氧化碳排放量按式（2-10）计算。

$$E_{电和热} = AD_{电力} \times EF_{电力} + AD_{热力} \times EF_{热力} \quad (2-10)$$

式中：

$E_{电和热}$ 为净购入使用的电力、热力隐含产生的二氧化碳排放量，单位为吨（tCO_2）；

$AD_{电力}$、$AD_{热力}$ 分别为核算和报告期内净购入电量和热力量（如蒸汽量），单位分别为兆瓦时（MWh）和百万千焦（GJ）；

$EF_{电力}$、$EF_{热力}$ 分别为电力和热力（如蒸汽）的二氧化碳排放因子，单位分别为吨二氧化碳/兆瓦时（tCO_2/MWh）和吨二氧化碳/百万千焦（tCO_2/GJ）。

（2）活动水平数据获取。

根据核算和报告期内电力（或热力）供应商、钢铁生产企业存档的购售结算凭证以及企业能源平衡表，采用式（2-11）计算获得。

净购入电量（热力量）= 购入量-钢铁生产之外的其他用电量
（热力量）-外销量 　　(2-11)

（3）排放因子数据获取。

电力排放因子应根据企业生产地址及目前的东北、华北、华东、华中、西北、南方电网划分，选用国家主管部门最近年份公布的相应区域

电网排放因子进行计算。供热排放因子暂按 0.11 tCO$_2$/GJ，待政府主管部门发布官方数据后应采用官方发布数据并保持更新。

2.1.3.4　固碳产品隐含的排放

（1）计算公式。

固碳产品所隐含的二氧化碳排放量按式（2-12）计算。

$$R_{固碳} = \sum_{i=1}^{n} AD_{固碳} \times EF_{固碳} \tag{2-12}$$

式中：

$R_{固碳}$ 为固碳产品所隐含的二氧化碳排放量，单位为吨（tCO$_2$）；

$AD_{固碳}$ 为第 i 种固碳产品的产量，单位为吨（t）；

$EF_{固碳}$ 为第 i 种固碳产品的二氧化碳排放因子，单位为吨二氧化碳/吨（tCO$_2$/t）；

i 为固碳产品的种类（如粗钢、甲醇等）。

（2）活动水平数据获取。

根据核算和报告期内固碳产品外销量、库存变化量来确定各自的产量。外销量采用销售单等结算凭证上的数据，库存变化量采用计量工具读数或其他符合要求的方法来确定，采用式（2-13）计算获得。

$$产量 = 销售量 + （期末库存量 - 期初库存量） \tag{2-13}$$

（3）排放因子数据获取。

企业可采用《国际钢铁协会二氧化碳排放数据收集指南（第六版）》中的相关缺省值作为生铁的二氧化碳排放因子。粗钢的二氧化碳排放因子可采用《指南》中的缺省值。固碳产品的排放因子采用理论摩尔质量比计算得出，如甲醇的二氧化碳排放因子为 1.375 tCO$_2$/t 甲醇。

2.2 钢铁行业温室气体减排量核算方法

钢铁企业温室气体减排量的产生是由于优化了生产流程、改进了生产工艺、增加了低碳设备和装置、采用了新一代的生产技术、替换了原料、改善了用能结构、改进了管理或其他内外部因素等（下文统称为采取减排措施），使得同等条件下钢铁企业的生产运营过程中的温室气体排放量较之前有所降低。根据边界范围的不同，企业减排量的核算可分为局部减排量计算方法和整体减排量计算方法。

（1）局部减排量计算方法。

局部减排量计算方法是指，仅考虑采取减排措施所带来的减排量，假定系统内除了发生改变的部分外，其他部分的排放量与减排措施实施前相比不发生变化。由此可以评估减排措施本身的减排效果，还可以在此基础上进行效益分析等。核算边界确定为采取减排措施所涉及的系统单元。

基准情景为这些单元的初始排放量 BEU，核算方法参照 2.1 中方法，项目情景为这些单元实施减排措施后的排放量 PEU，减排量即为二者的差值。应注意二者的外部条件的选取应一致（如时间周期变化等）。

减排量等于基准情景（给定时间范围内计入核算边界的生产单元

实施减排措施前）温室气体排放值与项目情景（给定时间范围内计入核算边界的生产单元实施减排措施后）温室气体排放值之差，如式（2-14）所示。

$$ERUy = BEUy - PEUy \qquad (2-14)$$

式中：

$ERUy$ 为减排值；

$BEUy$ 为基准情景排放值；

$PEUy$ 为项目情景排放值。

采用局部减排量计算方法可以快速得到减排的数值，并有利于快速开展减排措施的对比和评估，但是对钢铁企业来说，这种计算方法并不能完全反映企业的实际减排数量，因为减排措施的实施可能给上下游生产单元甚至全流程生产带来影响（如产量的变化、生产物质流的变化、温度的变化等），而这些影响并不一定反映在减排措施的物理实施单元划定范围内，如果要更加全面地核算减排量，就需要采用整体减排量计算方法。

（2）整体减排量计算方法。

整体减排量计算方法是指，以钢铁生产企业整体为单元，计算减排措施实施前后的减排量，在边界划定时，参照 2.1 中的边界划定方法。

基准情景为初始排放量 BEU ，项目情景为实施减排措施后的排放量 PEU ，减排量即为二者的差值。应注意二者的外部条件的选取应一致（如时间周期变化等）。

减排量等于基准情景（给定时间范围内）温室气体排放值与项目情景（给定时间范围内）温室气体排放值之差，如式（2-15）所示。

$$ERUy = BEUy - PEUy \qquad (2-15)$$

式中：

ERU_y 为减排值；

BEU_y 为基准情景排放值；

PEU_y 为项目情景排放值。

相比局部减排量计算方法，整体减排量计算方法对减排量的核算更加全面，在企业进行严格的测算和报告时，宜采用整体减排量计算方法。

2.3　钢铁行业温室气体减排机会识别方法

对于钢铁生产企业来说，温室气体减排机会是指存在于企业中的，在企业采取措施后有利于实现温室气体减排的情况。这种机会可以是企业由于采取某些措施（技术升级换代、生产流程优化、替换原料、改变用能结构、优化管理等）所带来的协同效应，也可以是专门针对温室气体减排而进行的低碳方面的工艺改进。一般来说，企业采用节能技术和措施都会带来温室气体的减排。2.1 和 2.2 为企业评估减排效果提供了数学基础。

2.3.1　减排机会的识别

任何钢铁生产企业在理论上都存在减排机会。但是在实际中，所带来的减排量过小的措施或无法实施的措施并不能称为机会。钢铁生产本身是一个复杂的综合系统，加之我国钢铁生产企业情况千差万别，包括生产类型不同，规模大小不同，工艺装备水平不同，原料、能源结构和产品类型不同等，各企业存在的减排机会也有非常大的差别。因此，在行业内提出对每个钢铁企业都适用的减排机会是不现实的，每个企业只能根据自身情况，结合本书的理论知识，识别自身存在的机会，并在经过评估后，采取相应的措施。

一般来说，以下措施都是有利于温室气体减排的（这些措施在政策建议部分会有更加详细的论述）：

优化生产流程。流程的紧凑、高效和智能化将成为未来钢铁生产流程发展的主要方向，这将带来节能和温室气体减排。

高效利用各类原材料。提高材料利用效率和使用替代原料，可以带来节能和温室气体减排。

改进生产工艺。对现存工艺进行节能改造或增加低碳处理装置，可以实现减排。

优化产品结构。生产更加优质的产品，增加产品使用寿命，是一种间接的减排措施。

技术进步和升级。从一定程度上来讲，这是企业最重要也是最关键的节能减排手段。更先进的技术一般会带来更高效的能源使用，从而实现减排。

改进管理。建立能源管理中心，集成化、信息化、数字化的用能管理体系有助于企业节约能源，实现减排。

2.3.2 减排机会的优先度

对于企业来说，在识别出减排机会后，究竟是否采用和采用哪种措施来实现减排，有着许多的影响和决定因素，例如，整体减排量的大小、单位产品减排量的大小、是否符合企业发展愿景、技术成熟度和普及率、投资成本和产生的效益等。而单就成本来说，成本效益不同，资金成本、利率和经济周期不同，钢铁厂的地点不同所带来的原材料和能源价格不同、运输成本不同等，都会使情况变得复杂。因此，并不能对各种减排机会做出标准化处理而进行优先级排序，只能由企业根据自身情况和要达到的减排目标进行合理的选择。

表 2-1 给出了钢铁企业在选择和实施减排技术时，可以参照的综合评价指标体系。

表 2-1　遴选减排技术的综合评价指标体系

一般指标	权重（%）	二级评价指标
减排潜力	30	减排潜力
		推广前景
技术特征	25	共性或关键
		技术先进性
		技术可靠性
		技术成熟度
		技术匹配性
经济特征	20	减排成本
		投资回收期
		运行维护费用
能效水平	15	减排量
		减排率
		生产过程综合能耗和报废处理能耗
可实施性	10	特定行业指标
		知识产权归属
		技术力量
		成功案例

一般来说，企业在采取措施时，可以按照以下几个原则进行选择：

（1）减排效果显著。

选择温室气体减排机会的目的是实现温室气体减排。采用不同的手段，如更新不同的技术，虽在经济成本及技术可行方面相差不大，但其温室气体减排幅度可能差别很大。因此，政策或行业团体应发挥积极作用，在经济可行、技术可行的前提下，鼓励企业积极选择温室气体减排潜力大的技术。

（2）经济可行。

企业作为利益主体，盈利是其首要目的，在选择减排机会时，经济上可行是必要的考虑因素。经济上可行，是指更新技术、替换原料或提升管理所带来的成本应小于其无作为时所付出的代价，或小于由于改变所带来的效益提升。企业选择了温室气体减排机会后，往往会带来能源或原料的节约和效率的提高，从而带来成本的降低，因此，相较于单纯采用温室气体减排技术，企业往往可以选择通过节能方式来实现温室气体的协同减排。

（3）技术可行，预计普及率较高。

技术上可行，是企业选择该技术作为温室气体减排机会的重要考虑因素之一，而预计普及率为技术可行的重要衡量指标。若预计一项技术的普及率较高，则说明该技术的发展方向是正确的，在未来会有一定的市场应用规模，从而降低企业选择该技术的风险。因此，企业更倾向于选择预计普及率较高的技术作为其减排机会。

第3章

国际钢铁行业节能与温室气体
排放现状与趋势

本章简单讨论了国际钢铁行业的发展现状及发展趋势，以及行业内节能和温室气体排放的形势，列举了一些国外钢铁行业及企业在节能、提高能源使用效率和减少温室气体排放方面的做法和案例，分析了影响碳排放的因素以及这些因素在国内外钢铁行业中的共性及差异性。

3.1 世界钢铁产量

2005 年（"十一五"末）到 2017 年，全球粗钢年产量由 11.5 亿吨增长至 16.9 亿吨，增长了 5.4 亿吨，增长率 47%；同期，中国粗钢年产量由 3.6 亿吨增长至 8.3 亿吨，增长了 4.7 亿吨，增长率 131%；而不包括中国在内的全球粗钢年产量仅从 2005 年的 7.9 亿吨小幅增加至 2017 年的 8.6 亿吨，增长不足一亿吨，这表明我国是这十年全球钢铁生产以及消费最主要的推动力。我国粗钢产量占世界粗钢产量的一半（图 3-1，3-2）。

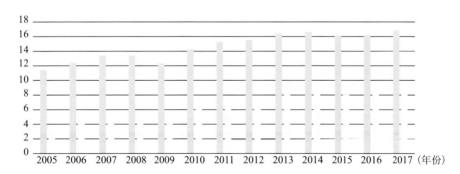

图 3-1　2005—2017 年全球及中国粗钢产量

来源：国际钢铁协会

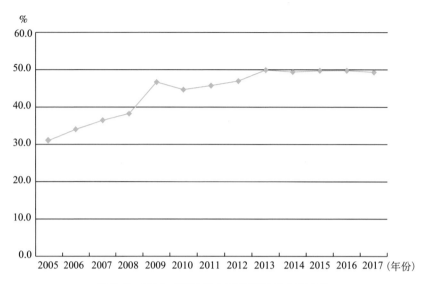

图 3-2　2005—2017 年中国粗钢产量全球占比

来源：国际钢铁协会

3.2　国际钢铁行业发展趋势

进入 21 世纪，特别是"十二五"以来，中国乃至世界钢铁工业的发展环境发生了深刻变化。冶金原料优质资源开发殆尽、现有资源质量下降、原燃料价格高涨、二氧化碳减排及环境负荷问题，以及来自其他材料的替代等压力，都对钢铁工业提出了更为苛刻的要求。在这个大背景下，钢铁产业技术也顺应新一轮的科技革命和产业的发展趋势，相应地出现了新的发展趋势，即强调在满足下游行业用钢需求的基础上实现以资源节约、环境友好为导向的高效流程工艺与产品生产制造技术的研发。这主要表现在以下三个方面。①

（1）钢铁制造流程高效、绿色、可循环。

虽然世界钢铁产业尚未出现具有突破性的新的制造流程，但立足于高效、绿色流程体系的建立，世界钢铁产业已在开展相应的核心技术研究，并将研发的重点放在了节能减排、降低成本以及提高企业竞争力等方面。而且，减少碳排放已成为当今世界的热点议题。近年来，欧盟、日本、美国等国家和地区的钢铁工业在不断研发新的低碳技术，以应对未来的"碳挑战"。为此，欧盟投入巨资开展了低碳技术研究，包括提高能源使用效率、增加可再生能源所占比例、低碳发电、温室气体减排技

① 中国钢铁工业协会. 钢铁行业 2015~2025 年技术发展预测报告.

术等，并结合钢铁工业实际实施了超低二氧化碳炼钢项目（ULCOS）。日本实施了"环境和谐型炼铁工艺技术项目"（COURSE50），主要开展减少高炉二氧化碳排放量技术和从高炉煤气中分离、回收二氧化碳技术的研发。美国主要通过提高能源效率实现二氧化碳减排，正在进行的研究包括利用熔融氧化物电解技术（MOE）分离铁，以及利用氢或其他燃料炼铁。近年来，我国钢铁工业也愈加重视低碳技术和短流程工艺的研发，在薄带铸轧技术、熔融还原技术、无头轧制技术等方面进行了大量的探索。

（2）钢铁材料高性能、低成本、高质量、近终型、易加工。

为保持钢铁材料作为基础原材料的主导地位，提高钢铁工业在各行业中的竞争力，国内外钢铁企业都在积极利用工艺技术的进步开发研究高技术含量、高附加值、低成本产品，如高强度钢（HSS）和超高强度钢（AHSS），少镍少钼的高耐蚀新型不锈钢，长寿命、抗疲劳的轴承钢以及工模具钢，具有耐腐蚀、耐火、耐热、耐低温、耐磨、抗震等性能的建筑用钢、装备制造用钢以及交通用钢，具有抗压、防爆功能的容器钢、装甲钢，具有止裂功能的特厚板，以及适应不同应用要求的复合材料等。而成型方式和工艺技术的进步将进一步推动钢铁材料的发展，材料的高性能、多功能不仅对成型工艺提出了较高的要求，对应用技术和应用环境的匹配性和融合性的要求也越来越严格。因此，未来对于钢铁材料的研究，在充分考虑材料本身的同时，应更加强调应用技术和应用环境与应用条件的协同发展。

（3）两化融合驱动钢铁制造智能化、定制化。

钢铁工业的信息化水平是衡量钢铁生产现代化水平的重要指标。而钢铁工业要满足可持续协调发展的要求，必须在信息化和工业化深度融合的基础上，加快实现自动化、网络化、智能化制造进程，这是钢铁行业提高自身竞争力的战略选择，也是我国乃至世界钢铁工业发展的重要动力。

目前，世界先进国家强调人性化、安全化的管理模式，努力实现生产高度自动化，朝着"无人化"车间迈进。在生产车间内，采用信息化管理系统对车间作业计划进行数字化、智能化管理，其最终发展方向是少人甚至是无人化运作模式。"无人化"车间是制造业由传统工业化向现代工业化转型的重要体现，其示范和推广应用对于提升钢铁制造业的整体技术水平具有重要的战略意义。

另外，无线传感器网络、物联网、云技术的开发与应用也将是钢铁工业技术发展的一个重点，未来可以利用无线传感器达到精准、快速化检测与控制，对生产线装备各类信息进行整合。很多国外钢铁企业已经搭建了融合核心业务的信息网，并将其作为企业生产经营的重要设施，为生产线的高度信息化管理奠定了坚实的硬件基础。很多发达国家政府已经把物联网与云技术列为战略性新兴产业，而且，在冶金装备研发领域，物联网技术、云技术也拥有较大的应用空间。借助于先进的物联网平台，企业可以自动、实时、准确、详细地获取钢铁生产中各方面的信息，并有效进行筛选与集成，为企业提供系统化的数据源，为企业管理与系统维护提供更好的服务。物联网和云技术已经成为钢铁强国的"必争之地"。

此外还有智能机器人和无人控制系统的应用等。现在世界先进国家正在展开对工业智能化制高点的争夺，特别是日本，对于工业机器人的研究已经开展了几十年，远远领先国际平均水平。目前钢铁产业中智能机器人的应用较少，各大公司正在竞相开发这一领域。

3.3 国际钢铁行业节能技术发展状况

3.3.1 钢铁行业节能和温室气体减排现状

钢铁行业提高能效和减少温室气体排放主要表现在以下几个方面[①]：

提高能源效率。钢铁生产的能效正在逐步提高：通过改善气体循环、产品和废料流，热量和能量的循环利用率正在提升；通过粉末状煤炭投放，燃料投放工艺正在提升；通过炼钢炉设计的改进，过程控制正在增强；通过干熄焦、顶压透平装置等提高能效的技术和薄带连铸生产等流程优化，温度循环数量得到了降低。整体来说，推动提升能效和大量降低废物产量，已经成为钢铁行业环境监测国际指南和区域实践最佳技术的两大主题。

提高排放效率。传统钢铁生产中，煤炭和焦炭都是高强度排放；在经济并且可行的地方，气基直接还原技术和油气喷射技术已经被使用。然而，气基直接还原技术目前只用在相对小规模的设备上，并且碳减排效益还要考虑电炉生产中因为增加电力消费而增加的电力排放。木炭作为另一种焦炭替代物，目前也已用于钢铁生产，比较典型的应用是在巴

---

① IPCC 第五次评估报告。

西，而改善木炭的力学性能也是目前正在发展的一种替代技术，尽管用木材生产木炭需要比较大的陆地面积。其他替代途径包括使用铁焦作为还原剂与使用生物质和废塑料替代煤炭。从趋势上来看，超低二氧化碳钢铁生产已经鉴别出了四个生产程序：应用于高炉的顶层气循环、熔融还原技术、先进的直接还原和电解。前三种要用到 CCS 技术，第四种需要使用低碳电力供电。如果成本有效的氢气燃料可以大规模应用，也可以降低排放。德国、美国和日本正在对氢气还原技术进行调查研究。在低碳或者零碳电力可供的情况下，熔融氧化物电解可以降低排放，但是这项技术处于初期阶段，并且鉴别一种合适的阳极材料是很困难的。

提高原材料使用效率。提高原材料使用效率对于钢铁行业减排和降低成本具有显著的潜力。在钢铁生产供应链端，全球范围内有许多液体钢作为过程废料损失掉了，消除这部分浪费可以减少大量碳排放；在消费端，大量钢铁产品其实可以被回收重新使用。然而，在许多经济体，相对于劳动力来说，钢材比较便宜，加之税收政策的放大，使得这些经济体目前倾向于以原材料不经济来降低劳动力成本。

降低产品和服务需求。目前发达国家的商业建筑使用钢材的量是安全标准所要求量的两倍，并且会在 30~60 年内被替代，也就是说，如果完全按照安全标准进行建筑，并且以 80 年作为替代周期，这部分钢材需求和消耗就会降至约 1/4。相似地，车辆燃料消费与车辆使用状况也有很强的相关性，在不降低供给服务水平的情况下，生产和使用更多更加小型轻便的汽车可以成倍减少钢铁需求。

3.3.2　部分国家的节能实践

国外钢铁工业节能技术的发展水平与各个国家的能源来源和能源价格息息相关，表现如下：

（1）美国能源来源广、储备多，所以美国钢铁公司推广和研发节能技术的积极性不高，副产煤气"点天灯"的现象常能看到，美国的不少"零污染"焦化厂均采用焦炉煤气全部自耗的技术，将焦炉煤气全部在焦化炉内烧掉，避免了处理焦化废水的复杂过程，可以限制排放和减少投入。但由于温室气体排放限制的讨论，美国近年开始对节能技术感兴趣，目的是减少将来的碳税成本。在新能源方面，美国已掌握页岩气开发技术，并形成页岩气开发规模，降低了能源成本。

（2）欧洲能源资源少，来源紧张，能源价格很高，所以欧洲对节能技术开发和推广很重视。前几年欧盟投入 150 亿欧元，设立了"UL-COS"项目，一些"颠覆性"钢铁技术进入了研发阶段，如避免烧结、焦化和高炉三个高耗能工序的"非高炉炼铁技术"——熔融还原法、电解法炼铁、生物质炼铁法等。

（3）日本钢铁行业的二氧化碳总排放量在亿吨的级别。2008 年，日本钢铁工业启动了国家项目"COURSE50"，主要是与欧盟类似的高炉煤气二氧化碳分离和捕集，以及高炉焦炉煤气喷吹技术，集中在高炉流程的能量高效利用和二氧化碳捕集方面。可见，目前发达国家钢铁行业依然把改进高炉—转炉流程作为减排二氧化碳的重点。

（4）德国钢铁工业的节能一直是采取稳步渐进的方式进行的。德国人认为环境保护比节能更重要，如德国钢铁工业同行对俄罗斯和日本先后开发的干熄焦技术一直持有不同的看法，他们认为干熄焦技术没有很好地解决细颗粒粉尘的排放问题，所以宁可牺牲热焦炭的高温能域，不回收余热，也要保证所有环保指标的实现。

（5）由于温室气体排放问题的提出和尖锐化，几乎所有发达国家都开始注意节能问题了，所以新一代的钢铁节能技术有望在新的形势下逐步诞生。此外，国外发达国家已完成了可见污染物的治理，进入治理深层次有害物的阶段，如有机物、重金属、放射性、噪声、氰化物、砷化物、氮氧化物、二噁英等，同时还开展了大量新的研究，如人体工程、安全保障、EMS、CP、LCA、CDM、环境审计、工业生态、可持续消耗和生产等。

（6）"十一五"以来，我国钢铁行业在扩大规模的同时，对节能环保技术的研究与应用也取得了实质性突破，大型高炉煤气干法除尘、干熄焦、转炉煤气干法除尘、蓄热式加热炉、高炉煤气发电、高炉顶压发电、低温余热发电技术、高效除尘技术、烧结机烟气脱硫技术、工业废水深度处理技术、含铁尘泥有效利用技术得到普遍应用，钢铁行业的节能、环保技术水平得到了显著提高。特别是近几年，钢铁行业深度调整，包括超低排放在内的绿色生产技术正在大力推广应用。

3.4 国内外钢铁行业碳排放特点分析

3.4.1 影响碳排放特点的因素

世界各国钢铁行业产业结构的发展与其资源禀赋、社会经济背景、政策等多方面因素有关，决定行业的能源消耗与碳排放特点的因素也是多方面的，主要包括：

（1）资源禀赋。

钢铁工业是资源能源消耗密集型产业，因此，资源禀赋是决定该国钢铁工业产业结构发展的关键因素之一。例如：中国电炉钢应用比例低的主要原因是废钢资源供应不足，电力消耗较大，电费成本支出较高，以及废钢价格高企，导致电炉钢难以快速发展。

美国是世界上废钢资源最丰富的国家，电力资源丰富，美国电炉钢占比达到 60%，位列世界第一。

印度早期绝大多数直接还原铁是由煤基直接还原设备生产的，主要原因是印度拥有丰富的富铁矿和非炼焦煤资源，但焦煤资源很少。

日本本身是一个自然资源非常贫乏的国家，但是对资源的掌控意识很强，其在巴西、澳大利亚、南非、印度等十几个国家均有与东道国合作开发的矿山资源，较好地支持了本国钢铁工业的发展。

（2）技术进步。

通过生产技术进步实现碳排放的降低是钢铁工业节能降碳的有效手段，在这一方面，日本、韩国钢铁工业走在前列。

"技术立国"战略使日本钢铁业保持了长达几十年的技术领先地位，并始终走在世界前沿。在资源有限的情况下，只有研发新技术，才能利用有限的资源生产出更多的产品，提高产品质量，提升产品的技术含量，获得更多的利益。

韩国政府制定了"五年经济能源节约计划"，开展节能宣传，对钢铁业环保节能技术的开发和运用给予政策和资金上的充分支持，开发了大量的节能新技术，如 FINEX 工艺等，使得韩国成为在钢铁行业的节能技术应用上仅次于日本的国家之一。

（3）钢铁工业发展背景。

各国钢铁工业发展的背景各不相同，产业基础也各不相同，不同的钢铁工业发展历程也导致各国选择不同的钢铁产业发展结构。例如：印度是全球最大的直接还原铁生产国之一，主要原因是煤基直接还原设备所需投资较少，并能在短期内投入生产，符合印度钢铁工业历史发展的时代需要，因而一直备受印度钢铁工业关注。

（4）政府政策引导。

钢铁工业在各国的工业化发展过程中均起着举足轻重的作用，因此其产业结构的形成过程中，政府政策引导的因素也很重要。例如：韩国缺乏高炉冶炼用焦煤和铁矿石，为保证高炉钢厂的规模效益，韩国政府曾于 1970 年颁布《钢铁工业育成法》，规定"只允许浦项钢厂建设高炉，其余钢厂只能发展电炉冶炼"。

3.4.2 共同性及差异性分析

各个国家的吨钢二氧化碳排放差异很大，主要是由各国生产技术路线、产品结构、生产能效、燃料结构、碳强度不同造成的。平均来说，生产每吨钢大约排放 1.8 吨二氧化碳。[①]

不同的资源禀赋、发展背景、政策引导和技术进步状况导致世界各国钢铁生产工艺流程的不同，从而也导致了碳排放特点、碳排放源及碳排放量的共同性和差异性。

（1）高炉—转炉长流程仍是世界钢铁工业的主要生产工艺流程。

目前，世界钢铁工业的基本生产工艺流程主要包括两类：一是以铁矿石为原料的高炉—转炉炼钢长流程生产工艺；二是电炉短流程生产工艺，包括循环利用废钢的电弧炉冶炼工艺及铁矿石直接还原生产海绵铁并在电弧炉进行炼钢。

综合分析来看，尽管从世界钢铁工业发展格局来看，随着资源环境约束的日益严峻，电炉钢比例在不断提升，但总体上，现阶段高—转生产工艺流程仍是世界钢铁工业的主要生产工艺流程。2017 年，全球粗钢产量中，吹氧转炉炼钢占比 71.6%，电炉炼钢占比 28.0%[②]。

尽管世界钢铁工业仍以高炉—转炉长流程生产工艺流程为主，但基于不同国家的资源禀赋、发展背景、政策引导等各自因素，不同国家的钢铁生产工艺结构差别较大。以 2017 年为例，我国（除台湾地区外）电炉炼钢比为 9.3%，相比韩国 32.9%、日本 24.2%、德国 30.0%、欧盟 40.3%、美国 68.4%、印度 55.8%等[③]，比例较低，也低于世界平均水平。

（2）直接还原铁工艺流程在天然气资源丰富的部分国家发展迅速。

尽管世界炼铁生产的主流仍是高炉工艺，但鉴于该工艺需要焦化、烧结等原料准备工序，不可避免地面临环境污染、碳排放高等问题。随

---

① World Steel Association, 2011.
② 世界钢铁协会，《钢铁统计年鉴 2018》.
③ 世界钢铁协会，《钢铁统计年鉴 2018》.

着全球低碳发展形势的逐步趋紧，炼铁工艺由高炉流程向非高炉流程过渡成为必然发展趋势。在非高炉炼铁工艺中，直接还原铁技术较为成熟，其不需焦炭还原炼铁，原料使用冷压球团，不需烧结矿，是一种优质、低耗、低排放的炼铁新技术，目前在天然气资源较为丰富的南美、南非、东南亚等部分国家和地区得到快速发展。

自 2011 年以来，全球直接还原铁（DRI）产量保持在 7300 万吨左右。世界直接还原铁生产工艺大致分为两种，一种是气基竖炉生产工艺，另一种是煤基回转窑生产工艺。多年的生产实践也证明，煤基回转窑生产工艺在生产成本、生产效率和环保低碳方面均次于气基竖炉生产工艺。2014 年，气基生产量约占总产量的 80%，煤基生产量约占总产量的 20%。

应该说，天然气资源的短缺及高成本也限制了直接还原铁技术在包括中国在内的部分国家的发展和推广。

（3）高炉—电炉流程是中国钢铁工业独有生产流程。

与世界上其他国家不同，高炉—电炉流程是我国钢铁工业独有生产流程。国外电炉企业没有配高炉范例，基本是配直接还原铁或外购直接还原铁来补充或替代部分废钢资源，以达到减少冶炼原料中的有害杂质、提高钢水纯净度的目的，吨钢二氧化碳排放强度约为 1.2~1.3 吨二氧化碳/吨钢。

电炉配铁水替代部分废钢在一定程度上能够降低成本，解决废钢短缺的问题，提高钢水纯净度。由于电炉配有铁前工序，其流程能耗和碳排放强度比单纯电炉冶炼高。此类流程的能耗和碳排放强度的最大不确定性来自铁钢比，即电炉配加热铁水比例越高，企业吨钢综合能耗和碳排放强度越高。在 30% 热铁水基础上，热铁水每增加 10%，吨钢综合能耗上升 44 千克标准煤，碳排放强度上升 0.1 吨。目前我国采用高—

电流程的钢铁企业吨钢二氧化碳排放强度为 1.6~1.8 吨二氧化碳/吨钢。

（4）世界各国钢铁工业具有相同的低碳发展路径。

对于世界各国钢铁工业而言，能效水平提升是近期低碳发展的重要方向，而能源结构低碳化转型则是未来低碳发展的必然趋势。2015 年 12 月由近 200 个缔约方签署的《巴黎协定》中明确提出 21 世纪下半叶实现温室气体净零排放目标，绿色低碳将成为能源发展的主要方向，也将使以碳冶金为特征的钢铁工业产生革命性变化。

随着废钢资源量的不断累积及电力价格的调整，具有明显低碳环保优势的电炉短流程炼钢工艺将在包括中国在内的世界各钢铁生产国家得到快速发展，同时，突破性低碳冶炼技术及碳捕获与封存技术的工业化应用也将大幅削减二氧化碳排放。

目前，在突破性低碳冶炼技术的发展方面，国内外钢铁工业均在开展研究工作，举例如下：

欧洲 15 国 48 家钢铁企业在 2002 年启动了长期研究开发项目，寻求能显著降低钢铁生产过程中二氧化碳排放量的突破性技术，主要是超低二氧化碳炼钢技术研发项目（ULCOS），目标是到 2050 年，使吨钢二氧化碳排放量比现在最好水平减少 50%。

日本启动了国家项目"环境和谐型炼铁工艺技术开发"（COURSE50），制定了低二氧化碳排放钢铁工业技术路线图，目标是二氧化碳减排 30%。

美国钢铁业能源效率的提高主要是通过加大电炉炼钢比例、提高生产工艺自动化程度、工艺紧凑等实现。同时，也在研究突破性技术，包括利用熔融氧化物电解（MOE）方式分离铁以及利用氢炼铁。

印度正在积极开展拓宽 DRI 生产燃料范围的研究，以摆脱天然气对 DRI 发展的限制。目前，2 台可运用煤气的大型 MIDREX 直接还原设备已经开始运行，其中一台已经开始使用焦炉煤气补充天然气生产 DRI。这是 DRI 生产长期战略的重要组成部分，将推动 DRI 技术的发展和推广。

我国钢铁工业也日益重视低碳技术研发，例如鞍钢鲅鱼圈高炉喷吹焦炉煤气技术研发、武钢焦炉荒煤气余热回收利用技术研发、首钢钢渣显热回收利用技术研发等，其中，"清洁高效炼焦技术与装备的开发及应用"项目获 2018 年国家科学技术进步奖一等奖。

第4章

中国钢铁行业温室气体排放现状与趋势

本章通过数据分析、政策和情景分析等，简要分析了我国钢铁行业生产、能源利用、二氧化碳排放的现状和趋势，面临的挑战和机遇等。

4.1　中国钢铁行业发展现状及趋势

4.1.1　中国钢铁产业现状

自 1979 年以来，经过短短的十几年时间，我国的钢铁工业在产量上增加了三倍，1996 年开始成为全球第一大产钢国。几十年来，我国钢铁生产从数量到质量上都有了极大提高，也取得了举世瞩目的成绩。据国家统计局数据显示，我国粗钢产能在 2015 年达到峰值 12 亿吨，随后因政策调整开始下降。粗钢产量连续增长，到 2014 年超过 8 亿吨，随后几年均超过 8 亿吨（图 4-1，图 4-2）。

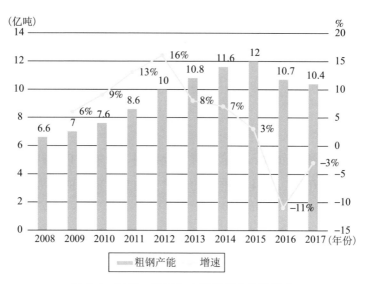

图 4-1　2008—2017 年中国粗钢产能及增速

来源：中国统计年鉴。

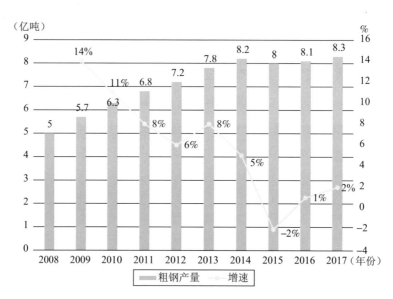

图 4-2　2008—2017 年中国粗钢产量及增速

来源：中国统计年鉴。

在世界范围内，中国的粗钢产量远远高于其他主要钢铁生产国，例如日本、美国、俄罗斯、印度等，这些国家近些年的钢铁产量相对比较稳定，每年产量只有较小的浮动，而中国则保持着相对较高的年均增长率，粗钢产量从 2005 年的占全球产量的 31% 增长到 2017 年的占 50%，可以说世界范围内粗钢生产的增量基本都来自于中国。

"十二五"时期，我国已建成全球产业链最完整的钢铁工业体系，提供了国民经济发展所需的绝大部分钢铁材料，产品实物质量日趋稳定，有效支撑了下游用钢行业和国民经济的平稳较快发展。主要发展成就有：

钢材生产满足国内需求，有力地支撑了国民经济发展，市场供求虽有起伏，但总体平稳；科技创新不断深化，钢铁工艺装备现代化水平不断提高，主要钢铁企业的工艺技术达到世界先进水平；产品结构不断优化，质量水平持续提升，中国完全可以自主生产市场有需求的各种高等级钢材，有力支撑了下游行业的转型升级；供给侧结构性改革持续推进，产能严重过剩矛盾正在逐步缓解，优质产能作用得到充分发挥。

特别是在节能减排等环境效益方面。一是能源、资源利用水平不断提升。与 2005 年相比，2018 年重点统计钢铁企业平均吨钢综合能耗由 694 千克标煤降至 555 千克标煤，焦炉煤气、高炉煤气回收利用率分别提高了 3.4 个百分点、7.8 个百分点，吨钢转炉煤气回收量由 32.8 立方米提高到 106 立方米；钢协重点统计钢铁企业吨钢耗新水由 8.6 吨下降到 2.75 吨，水重复利用率由 94.3% 提高到 97.88%。同时，通过持续开发推广冶金渣资源化利用技术，构建起完整的"资源—产品—再生资源"循环经济产业链，2018 年，钢渣、高炉渣、含铁尘泥利用率分别达到 97.92%、98.1%、99.65%。二是钢铁行业主要污染物排放指标大幅度降低。2005~2018 年，钢协重点统计钢铁企业吨钢二氧化硫排放量由 2.83 千克下降到 0.53 千克，削减幅度高达 81.3%；吨钢烟粉尘排放量由 2.18 千克下降到 0.56 千克，削减幅度为 74.3%。

与此同时，我国钢铁工业也面临着许多问题，《钢铁工业调整升级规划 2016—2020》提到的有：

产能过剩矛盾加剧。"十二五"期间，我国钢铁产能达到 11.3 亿吨左右，重点大中型企业负债率超过 70%，粗钢产能利用率由 2010 年的 79% 下降到 2015 年的 70% 左右，钢铁产能已由区域性、结构性过剩逐步演变为绝对过剩。产业集中度不升反降，前十家钢铁企业产业集中度由 2010 年的 49% 降至 2015 年的 34%。全行业长期在低盈利状态运行，2015 年亏损严重。

自主创新水平不高。我国钢铁行业自主创新投入长期不足，企业研发投入占主营业务收入比重仅有 1% 左右，没有达到"十二五"规划"1.5% 以上"的目标，远低于发达国家 2.5% 以上的水平，创新引领发展能力不强，尚未跨越消化吸收、模仿创新老模式。创新载体分散，资金、设备、人才等创新资源重复配置，产学研用协同创新不足，部分关键高端钢材品种还需依赖进口。

资源环境约束增强。我国钢铁行业装备水平参差不齐，节能环保投入历史欠账较多，不少企业还没有做到污染物全面稳定达标排放，节能环保设施有待进一步升级改造。吨钢能源消耗、污染物排放量虽逐年下降，但抵消不了因钢铁产量增长导致的能源消耗和污染物总量增加。特别是京津冀、长三角等钢铁产能集聚区，环境承载能力已达到极限，绿色可持续发展刻不容缓。

企业经营亟需规范。我国钢铁企业良莠不齐，违反环保、质量、安全、土地法规的违法违规产能仍然存在，严重扰乱市场秩序。监管处罚及落后产能退出机制不健全，低效产能和僵尸企业难以市场化退出，行业自律性差，市场竞争无序，加剧了市场恶性竞争。

以上问题有的在"十三五"期间正在逐步改善，但一些深层次和事关长远的问题仍然需要下大力气解决。

4.1.2 中国钢铁行业发展趋势

我国钢铁企业的转型升级将有以下特点：1. 产品结构调整将更加突出以市场为导向，生产精品、高端产品、深加工产品以及特色产品，提高技术含量、市场占有率和产品附加值；2. 主要将通过技术改造来推动技术进步与创新，进而推动工艺技术装备结构综合配套水平的优化升级；3. 管理模式将由粗放型转向规范化、精益化和人性化管理；4. 以综合治理和创建资源节约型、低碳友好型企业来实现企业的低碳绿色转型；5. 主要通过兼并重组的方式向规模化发展和升级。

在节能环保方面，尽管我国钢铁行业环保平均水平与国际先进钢铁企业相比，差距仍较明显，但随着我国节能环保技术的进步和企业管理理念的转变，也涌现出一批节能环保方面达到国际先进水平的企业，如率先实施绿色转型的太原钢铁，实施沿海战略布局的首钢京唐和湛江钢铁基地等。目前，国内先进钢铁企业的能耗水平已经接近甚至高于世界先进水平，但从钢铁行业整体看，受产业集中度较低、先进节能技术使用不够普遍、电炉钢产量占比低等几个主要方面因素的影响，行业平均能效水平仍距世界先进水平有不少差距。

国家新发布的《关于推进实施钢铁行业超低排放的意见》提出，到 2020 年底前，重点区域钢铁企业力争 60% 左右产能完成超低排放改造；到 2025 年底前，重点区域钢铁企业超低排放改造基本完成，全国力争 80% 以上产能完成改造。未来随着我国钢铁企业的转型升级，节能力度不断加强，淘汰落后产能的标准不断提高，产品结构进一步优化，各类先进节能低碳技术进一步得到推广应用，从而可带动钢铁行业能耗和排放强度的进一步下降。

此外，当前以先进装备、先进材料、先进工艺有机融合的工业制造技术，以智能传感器、人工智能、数字孪生、大数据与云计算为核心的智能化技术群，以及第五代移动通信、物联网、工业互联网技术，将形成推动钢铁智能制造发展的"三驾马车"，其迅猛发展必将给钢铁产业带来翻天覆地的转变，推动钢铁智能制造"五化"（环保智慧化、制造智能化、产品绿色化、产业生态化、企业人本化）发展和智能"钢铁未来梦工厂"的逐步实现。

4.1.3 中国废钢利用现状与趋势

废钢铁是一种载能资源，应用废钢铁炼钢可大幅度降低钢铁生产综合能耗，减少碳排放。废钢铁与铁矿石相比，利用废钢铁直接炼钢可节约能源60%。废钢铁也是一种低碳资源，应用废钢铁炼钢，在过程中可大量减少 CO、CO_2 等废气排放，每用 1 吨废钢铁可减少超过 1 吨的 CO_2 排放，实现温室气体减排。此外，废钢铁还是一种可无限循环使用的再生资源，增加废钢铁供应能力是缓解对铁矿石依赖的重要途径。提高炼钢废钢比有利于减少原生资源开采，每多用 1 吨废钢铁，可减少 1.7 吨精矿粉消耗，4.3 吨原矿开采，间接减少碳排放。

我国是废钢铁循环利用量最多的国家，"十五"以来，我国废钢铁的循环利用，已形成产业化、产品化、区域化的发展趋势，废钢铁产业初具规模，为钢铁工业的低碳、绿色发展奠定了坚实的基础。

（1）我国废钢铁产生现状。

我国废钢铁的资源由 3 部分构成：企业自产废钢铁（炼钢、轧钢工序、企业报废设备、建筑物等产生的废钢铁），约占资源总量的 35%~

40%；社会采购废钢铁（工业、运输、建筑、国防等领域和居民家庭产生的废钢铁），约占资源总量的55%~60%；进口废钢，约占资源总量的5%~10%。

随着我国钢铁积蓄量的不断增长，社会废钢的产生量也逐年增多。2018年，我国社会废钢产生量为7832.31万吨，比2017年增加1532.55万吨。不过，由于我国65%的钢材被用于基本建设（房屋和交通），废钢返回社会的周期长，近几年废钢产生量不会大幅增长。有研究预计，2020年，我国废钢资源量将达到20960万吨，2025年将达到27220万吨，2030年将达到34600万吨，为钢铁工业提升废钢比创造了有利条件。

（2）我国废钢铁消耗现状。

随着钢铁工业的快速发展，对废钢铁原料的需求大幅增长。1994年，中国废钢铁应用协会成立。近年来，在环保限产的作用下，高炉炼铁不断增加废钢使用量，一些企业高炉废钢加入量已经达到300千克/吨。同时，转炉废钢消耗量也呈增加的趋势，转炉仍是消耗废钢的主体。据统计，2018年，重点统计单位转炉消耗废钢量为5827.50万吨，比2017年增加1305.62万吨。目前，转炉使用废钢的比例为9.38%，还没有达到15%~20%的理想状态，转炉炼钢增加废钢用量仍有较大潜力。目前，我国每年实际消耗废钢1.4亿吨以上。由于统计范围的原因，目前的统计数据偏低。此外，现在，我国废钢行业主要存在4个方面的问题：一是废钢加工规范企业的加工能力仅占社会废钢量的30%，与钢铁工业的需求相差甚远；二是废钢加工整体装备水平偏低，废旧汽车等拆解线尚未大量建立；三是缺乏可靠的废钢资源量分类统计数据和废钢加工产品行业技术标准；四是废钢进口和加工配送企业的税收政策不利于废钢回收利用。未来需要提高对废钢的管理水平，实施精细化管理,科学加工、分类销售,满足下游各类用户的需求。

(3) 废钢铁利用发展趋势。

《关于加快推进生态文明建设的意见》中指出:坚持把绿色发展、循环发展、低碳发展作为基本途径。经济社会发展必须建立在资源得到高效循环利用、生态环境受到严格保护的基础上,与生态文明建设相协调,形成节约资源和保护环境的空间格局、产业结构、生产方式。"中国制造2025"基本战略方针提出绿色发展,提出坚持把可持续发展作为建设制造强国的重要着力点,加强节能环保技术、工艺、装备推广应用,全面推行清洁生产。"十三五"规划中提出创新、协调、绿色、开放、共享的发展理念。绿色发展已成为未来发展的趋势。

我国钢铁工业在化解过剩产能,落实绿色发展过程中,增加废钢比是一条重要途径。短流程电炉炼钢替代长流程高炉炼铁、转炉炼钢是世界钢铁工业发展趋势,废钢铁是短流程电炉炼钢的重要原料,废钢铁的循环利用量将不断增长。因此,应鼓励和引导在条件允许的情况下提高废钢比。一方面,我国逐步迈入小康社会,人民生活水平不断提高,私家车保有量不断攀升,促进了机动车报废率的增长;另一方面,我国过去几十年的高速发展,基础建设不断更新与完善,建筑废料不断增加,在利用废钢炼钢时,应鼓励多采用报废汽车和建筑废料的废钢。

4.2　中国钢铁行业能源消耗与碳排放情况

4.2.1　能源消耗情况

钢铁行业属于能源密集型产业，是典型的耗能和排放大户，生产过程中 CO_2 排放量占全球 CO_2 排放总量的 5%~6%。我国钢铁生产量大，且由于铁钢比高，电炉钢比例低以及钢铁产业集中度低和冶金装备容量偏小等原因，排放强度高，使我国钢铁工业 CO_2 排放量很大，占全球钢铁工业 CO_2 总排放量的约一半，而欧盟为 12%，日本为 8%，俄罗斯为 7%，美国为 5%，其他国家 17%。降低钢铁生产过程中 CO_2 排放，主要途径就是节能降耗。

我国钢铁行业的快速增长与其能源消耗的增长趋势是一致的。在 2015 年能源消费结构中，我国钢铁行业的能源消耗总量近 30 年来首次同比下降。煤炭是我国钢铁工业中最重要的燃料和原料，在各类能源比例中约占 70%。能源消费强度方面，重点大中型钢铁企业代表了行业发展的先进水平，2010—2017 年我国重点大中型钢铁企业吨钢可比能耗变化情况见图 4-3，呈现稳步下降趋势。

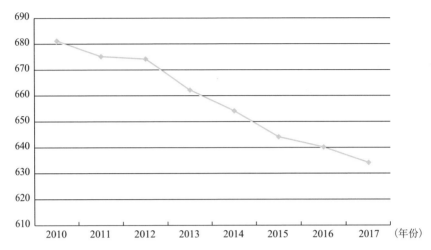

图 4-3　2010—2017 年我国重点大中型钢铁企业吨钢可比能耗（单位：kgce）

来源：能源统计年鉴

4.2.2　碳排放情况

钢铁生产过程是铁−煤化工过程，碳素的输入端（CO_2 的排放源）主要来源于煤等化石燃料燃烧、石灰石等含碳熔剂的分解以及废钢等原料的消耗。据统计，我国钢铁行业 CO_2 排放量约占全国 CO_2 排放量的 15% 左右，仅次于电力和水泥行业，在所有工业行业中居第三位。

我国吨钢 CO_2 排放量高于主要产钢国家，主要原因有：①电炉钢比与世界平均水平相比低，客观上造成我国钢铁工业能耗高、温室气体排放量大，因为生产一吨钢材，短流程的 CO_2 排放量是长流程的 30% 左右甚至更低。②我国钢铁工业一次能源中煤炭占能源总量的 70% 以上，与世界主要产钢国相比，煤炭比例远高于其他主要产钢国，而天然气和燃料油的比重明显低于发达国家。客观上煤炭利用过程中的能源效率较低、污染排放严重、产品能源成本高。

（1）我国钢铁工业碳排放量（2001—2017 年）。

通过查询《中国统计年鉴》和《中国能源年鉴》根据我国钢铁工业的化石能源消耗情况进行估算，估算方法依据《IPCC 国家温室气体清单指南 2006》，结果如图 4-4 所示，需要说明的是，如果考虑生命周期排放，钢铁生产企业在生产过程中消耗电力，而发电也会带来排放，另外钢铁生产过程中还会产生非能源消耗类的排放。从总量看，我国钢铁行业碳排放总量巨大，近几年每年都在十几亿吨。从趋势上看，总量和强度均得到了有效控制，在各种绿色节能政策引导下，预计会继续下降。

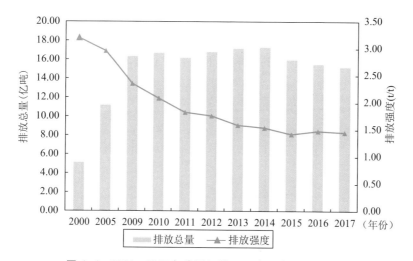

图 4-4　2001—2017 年我国钢铁工业碳排放总量及强度

来源：中国统计年鉴，能源统计年鉴

（2）我国钢铁工业碳排放结构。

我国钢铁工业的源消耗结构中，煤炭类占了绝大多数，石油类能源和天然气则相对很小。一方面，由于煤炭在钢铁工业中属于重要的还原剂和生产原料，另一方面，我国目前能源消费结构仍然以煤炭为主。由此可清楚看出，优化我国钢铁工业的能源消费结构具有极大的节能减排潜力，优化的核心是减少煤炭类能源的消耗。

（3）我国钢铁工业能源消费和碳排放在我国总消费和碳排放中的占比。

图 4-5 给出了我国 2001—2017 年我国钢铁工业能源消耗占全国能源消耗总量的比重的变化趋势。由图看出，2001—2017 年钢铁工业能源消费占比基本保持在 12% 到 17% 的区间，可见钢铁行业是我国能源消费的重点部门。考虑到这些年钢铁行业消费的能源结构以煤炭占绝大部分的比重，高于我国总的能源消费结构中煤炭及化石能源的比重，因此可以推算出每年钢铁行业的碳排放占全国碳排放总量的比重，要高于对应的能源消费占比，也即钢铁行业更是重点的碳排放部门。钢铁行业的减排将对全国的减排产生重要的影响，钢铁行业也存在很大的减排潜力可以挖掘。

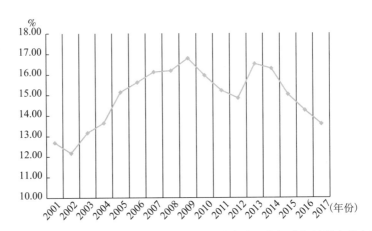

图 4-5　2001—2017 年我国钢铁工业能源消费在我国能源消耗总量中的占比

来源：中国统计年鉴，能源统计年鉴

4.2.3　"十二五"节能减排情况及"十三五"期间的目标

我国钢铁行业"十二五"期间节能减排取得的成绩如下：

（1）为全国节能目标完成做出巨大贡献。"十二五"期间，重点统计钢铁企业吨钢综合能耗下降了5.48%，超额完成"十二五"工业节能规划提出的下降4.1%的节能目标。工业增加值能耗下降了24.5%，为全国规模以上工业增加值能耗下降28%和全国单位GDP能耗下降18.2%做出巨大贡献。

（2）技术装备水平不断提高。"十二五"期间，累计淘汰炼钢、炼铁落后产能分别达到9400万吨、9000万吨，超额完成"十二五"落后产能淘汰目标。重点大中型企业主体装备达到国际先进水平，重点统计钢铁企业5m以上焦炉产能占炼焦总产能48%，1000m³及以上高炉占炼铁总产能65%，100t及以上转炉（电炉）占炼钢总产能56%以上

（3）工序能耗指标持续降低。"十二五"期间，各生产工序能耗持续降低。其中焦化工序能耗下降了6.05%，烧结工序能耗降低了10.37%，炼铁工序能耗降低了5.02%，转炉工序能耗降低了11.4kgcet/吨钢。

（4）二次能源回收及利用效率不断提高。与2010年相比，2015年焦炉煤气、高炉煤气和转炉煤气利用率分别提高了0.74，3.24，9.46个百分点，吨钢转炉煤气回收量提高了33.3%。企业自发电量占总用电量的比例提高了8个百分点左右。余热余能发电技术进一步大发展，高温超高压技术迅速推广。焦炉上升管、烧结低温余热、高炉冲渣水、轧钢加热炉等产生的中低温余热资源回收利用取得一定突破。

（5）两化融合促进节能减排力度进一步加强。"十二五"期间，钢铁企业能源管理中心建设推广迅速，已建和在建能源管控中心数量超过

90家，全部达到预期效果预计形成节能量约520万吨标准煤。"十二五"期间，随着国家级、省级重点用能单位能源消耗在线监测体系的逐步建设完善，部分试点地区能源计量管理基础较好的钢铁企业已纳入能源计量数据在线采集实时监测。

（6）生产消费将步入峰值弧顶下行区。随着发展方式的转变和经济结构调整的深入推进，我国经济将在中高速阶段保持新常态。消费、第三产业的经济主导地位将更加巩固，经济增长依赖投资、第二产业的格局已经改变、并将持续变化，单位经济总量的钢材消费强度加快下降，钢铁生产消费将在"十三五"步入峰值弧顶下行区。随着市场需求升级，用户将在品种质量、服务方面对钢铁企业提出更高的要求。

"十三五"期间的调整升级目标如下：

表4-3 "十三五"时期钢铁工业调整升级主要指标

序号	指标	2015年	2020年	"十三五"累计增加
1	工业增加值增速（%）	5.4	6.0左右（年均增速）	/
2	粗钢产能（亿吨）	11.3	10以下	减少1~1.5
3	产能利用率（%）	70	80	10个百分点
4	产业集中度（前10家）（%）	34.2	60	25个百分点以上
5	钢铁智能制造示范试点（家）	2	10	8
6	主业劳动生产率（吨钢/人·年）	514	1000以上	486以上
7	能源消耗总量	/	/	下降10%以上
8	吨钢综合能耗（千克标煤）	572	≤560	降低12以上
9	吨钢耗新水量（立方米）	3.25	≤3.2	降低0.05以上
10	污染物排放总量	/	/	下降15%以上
11	吨钢二氧化硫排放量（千克）	0.85	≤0.68	降低0.17以上
12	钢铁冶炼渣综合利用率（%）	79	90以上	11个百分点以上
13	研发投入占主营业务收入比重（%）	1.0	≥1.5	0.5个百分点以上
14	钢结构用钢占建筑用钢比例（%）	10	≥25	15个百分点以上

序号	指标		2015 年	2020 年	"十三五"累计增加
15	两化融合关键指标	综合集成大型企业比例（%）	33	≥44	11 个百分点以上
		管控集成大型企业比例（%）	29	≥42	13 个百分点以上
		产供销集成大型企业比例（%）	43	≥50	7 个百分点以上

4.3 中国钢铁行业的温室气体减排责任与机遇

钢铁工业是我国的国民经济支柱产业之一，长期以来，钢铁工业为国家建设提供了重要的原材料保障，有力支撑了相关产业发展，推动了我国工业化、现代化进程，促进了民生改善和社会发展。但是，钢铁行业本身是高消耗、高污染、高排放的物质与能源密集型工业，我国庞大的钢铁生产规模和布局，造成了大量的环境污染排放，包括各种大气污染物和温室气体排放。

"十二五"时期，我国已建成全球产业链最完整的钢铁工业体系，提供了国民经济发展所需的绝大部分钢铁材料，产品实物质量日趋稳定，有效支撑了下游用钢行业和国民经济的平稳较快发展。与此同时，我国钢铁工业也面临着产能过剩矛盾愈发突出，创新发展能力不足，环境能源约束不断增强，企业经营持续困难等问题。"十三五"期间，我国经济发展步入速度变化、结构优化、动力转换的新常态，进入全面推进供给侧结构性改革的攻坚阶段。钢铁工业既面临深化改革、扩大开放、结构调整和需求升级等方面的重大机遇，也面临需求下降、产能过剩及有效供给不足等方面的严峻挑战。

在国际国内减少污染物排放、改善环境质量和减少温室气体排放、有效应对气候变化的双重压力下，钢铁行业努力提升效率、减少排放，既是责任，也是机遇。

4.3.1 减排约束和改善空气质量的协同效益

（1）应对气候变化的挑战。

2016 年 11 月生效的《巴黎协定》指出，各方将加强对气候变化威胁的全球应对，把全球平均气温较工业化前水平升高控制在 2 摄氏度之内，并为把升温控制在 1.5 摄氏度之内而努力。全球将尽快实现温室气体排放达峰，本世纪下半叶实现温室气体净零排放。根据该协定，各方将以"自主贡献"的方式参与全球应对气候变化行动。发达国家将继续带头减排，并加强对发展中国家的资金、技术和能力建设支持，帮助后者减缓和适应气候变化。

气候变化是一项全球性议题，本世纪末将温升控制在工业化前 2℃是国际社会应对气候变化的全球长期目标。根据已发布的 IPCC 第一工作组评估报告的结论，为实现 2℃目标，从目前到 2100 年，全球剩余的排放空间已不足 1861—2100 年的一半，全球到 2050 年排放量需比 1990 年降低 14%~96%，而多数实现 2℃的情景要求全球排放在 2020 年之前达到峰值。

近年来我国的温室气体排放量持续增长，从 2009 年成为全球第一排放大国，到 2012 年排放超过了第二、三位的美国、欧盟排放之和，占全球总量的 29%，人均排放达到 7.1 吨/人，高于全球平均水平，接近欧盟的人均排放量，我国的排放量已成为全球温室气体排放持续走高的重要驱动因素之一。

我国预期的经济增长仍将在较长时间内推动温室气体排放呈上升趋势。根据 UNEP 预测，我国在完成"2020 年单位国内生产总值的二氧化碳排放比 2005 年下降 40%~45% 的行动目标（即 40%~45% 目标，下同）"的高限情况下，排放规模也将接近 120 亿吨 CO_2 当量，接近 OECD 全部国家的排放量总和。

由于我国的排放量超过全球的 1/4，全球排放峰值的时间在很大程度上依赖于我国排放峰值的时间，而我国实现温室气体排放的控制，则成为全球能否实现温升控制目标的关键因素。国际社会对我国下阶段提出了承担更多减排义务、尽早达到排放峰值的要求。

我国未来可获得的排放空间非常有限，二氧化碳排放将成为未来我国经济发展的重要约束因素，使得我国不可能像主要发达国家那样，在工业化、城镇化基本完成后，自然而然地实现排放峰值，而必须通过强有力的手段和措施，控制二氧化碳排放的增长。

（2）治理雾霾污染改善大气环境质量成为我国亟待解决的重大问题。

钢铁企业是我国主要的温室气体和大气污染物排放源之一，目前国家和地方政府正在执行各类相关政策来控制钢铁企业的大气污染物。钢铁冶金行业生产过程一些主体工序资源、能源消耗量都很大，污染物排放量大，是引发我国区域性大气污染问题的重要因素之一。钢铁行业各工序的生产过程排放的污染物成分复杂、种类繁多，除排放大量的温室气体如二氧化碳、甲烷之外，还有许多其他污染物，包括硫氧化物、氮氧化物、烟粉尘、二噁英、氟化物、VOCs 等。钢铁工业各工序的主要大气污染物排放节点如图所示。

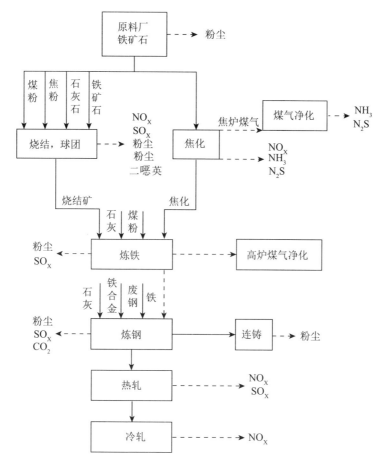

图4-6　长流程钢铁生产主要污染物排放节点示意图

　　近年来我国部分城市大气能见度持续下降，雾霾等极端天气现象和事件不断增多，特别是近几年来京津冀地区入冬后严重的大范围高密度雾霾天气，给人民群众生产生活活动带来了许多不变，并造成了社会经济损失。

　　京津冀地区已经成为全国乃至全球范围内空气污染最严重的地区之一；API污染指数全国排名前10名的城市中，该地区城市长期占据一半以上的席位；同时，京津冀地区水资源严重短缺，地下水超采严重，已经形成较大范围的地下水位漏斗和地面沉降，形成了地质隐患。因此，京津冀地区的环境承载力已达到极限，爆发生态灾难的概率大。京津冀地区的生态环境问题与该地区高度集中的钢铁产能不无联系。如：河北省钢铁行业二氧化硫排放量占全省总排放量的1/4，烟（粉）尘排放量占比更是高达四成，是造成京津冀大气污染最主要的原因之一。

从与国外先进水平的对比看，目前我国钢铁行业的环境保护水平与先进产钢国家（地区）相比，差距仍比较明显。目前，我国重点还在提高各类污染物的排放达标率，而工业发达国家已不存在达标率这个概念，所追求的是持续不断地降低吨钢污染物的排放量。我国对废气中污染物的治理还停留在可见的粉尘上，而工业发达国家已涉及所有不可见的有害气体，除二氧化硫外，已扩展到挥发性有机物。目前，国外先进钢铁企业对烟尘的治理已完成，对于第二代污染物二氧化硫、氮氧化物等的治理已处于商业化阶段，正致力于第三代污染物——二氧化碳、二恶英的控制治理技术的开发与应用。

表4-4　我国钢铁行业与世界先进钢铁企业大气污染物排放对比

排放物（kg/吨钢）	全国钢企	重点钢企	宝钢股份	韩国浦项	日本新日铁	欧洲蒂森克虏伯
	2014 年	2015 年	2014 年	2011 年	2010 年	2007/2008 年
SO_2	2.2	0.94	0.38	0.73	0.55	–
烟（粉）尘	1.23	0.90	0.45	0.11	–	0.42
NO_x	0.69	–	–	1.06	1.02	1.25

2019 年 4 月，生态环境部等五部委联合印发《关于推进实施钢铁行业超低排放的意见》，提出全国新建（含搬迁）钢铁项目原则上要达到超低排放水平。要推动现有钢铁企业超低排放改造，到 2020 年底前，重点区域钢铁企业超低排放改造取得明显进展，力争 60% 左右产能完成改造，有序推进其他地区钢铁企业超低排放改造工作；到 2025 年底

前，重点区域钢铁企业超低排放改造基本完成，全国力争80%以上产能完成改造。

（3）国内减排任务和约束性指标。

近年来，我国应对气候变化工作不断推进，控制温室气体排放目标逐步明确、约束力度逐步提升。2009年，我国提出到2020年单位国内生产总值二氧化碳排放比2005年下降40%~45%，并作为约束性指标纳入国民经济和社会发展中长期规划，制定相应的国内统计、监测、考核办法。2015年6月，我国向联合国提交了《应对气候变化国家自主贡献》，提出到2030年左右实现碳排放峰值并力争尽早达峰的国家自主贡献目标，以及2030年碳排放强度比2010年下降60%~65%。

我国近年来颁布的一些其他规划和政策也提出了与二氧化碳排放、能源消费、二氧化碳排放强度等相关的目标，主要包括：

1）2020年非化石能源比重占一次能源消费比重达到15%左右（2009年哥本哈根气候变化大会前国务院提出的目标）；

2）2020年，天然气占一次能源消费比重达到10%以上（《能源发展战略行动计划（2014—2020年）》《国家应对气候变化规划（2014—2020年）》；《强化应对气候变化行动——中国国家自主贡献》）；

3）2030年，非化石能源占一次能源消费比重达到20%左右（《中美气候变化联合声明》；《强化应对气候变化行动——中国国家自主贡献》）；

4）2020年，煤炭消费总量控制在42亿吨标煤左右，煤炭占一次能源消费比重控制在62%以内（《能源发展战略行动计划（2014—2020年）》；《强化应对气候变化行动——中国国家自主贡献》）；

5）二氧化碳排放量在2030年左右达到峰值，并尽早达到峰值（《中美气候变化联合声明》；《强化应对气候变化行动——中国国家自主贡献》）；

6）2020 年，单位国内生产总值二氧化碳排放强度比 2005 年下降 40%~45%，2030 年，比 2005 年下降 60%~65%（中共中央、国务院《关于加快推进生态文明建设的意见》《国家应对气候变化规划（2014—2020 年)》《强化应对气候变化行动——中国国家自主贡献》《强化应对气候变化行动——中国国家自主贡献》）；

7）单位 GDP 二氧化碳排放比 2015 年降低 18%（《中华人民共和国国民经济和社会发展第十三个五年规划纲要》）；

8）单位工业增加值二氧化碳排放量比 2015 年降低 50%（《国家应对气候变化规划（2014—2020 年）》）。

（4）钢铁行业的减排责任与贡献。

我国钢铁行业一直以来作为我国高能耗、高排放产业之一，其每年的能源消耗量约占我国能源消费总量的 12%~17%，由于能源消耗量增长且使用量大，碳排放量也始终处于高位。究其原因，首先，我国经济的不断增长带动了我国钢铁行业的快速发展，而钢铁行业能源的大量消耗导致了碳排放量巨大。其次，我国正处于工业化发展的后期和城市化进程中，对钢铁产品需求量也逐步的加大。再次，目前我国钢铁工业的生产方式仍是粗放型为主的生产方式，钢铁工业中碳减排技术仍需进一步普及。与全球平均水平相比，我国钢铁产业的碳排放有很大的减排空间，也面临着巨大的减排压力。

我国钢铁行业能源消耗强度的降低和能源消耗经济效益强度的提升代表着钢铁工业技术水平的提高。而该现象与我国钢铁工业节能减排技术的推广应用密不可分。如近几年来，我国钢铁工业采用的转炉负能炼钢技术可使吨钢产品节能 23.6kg 标煤；电炉优化供电技术可节约用电 10~30 千瓦时/吨，电炉炼钢生产效率提高 5%左右。提高技术水平降低能源消耗强度，作为我国钢铁工业实现低碳排放的主要途径，仍有较大的空间。

　　国家环境保护相关法律法规和节能减排相关考核评估都对钢铁行业提出了重点约束和要求，对钢铁工业来说都是严峻的挑战。我国钢铁企业应继续加强低碳技术和低碳产品研发，提高能源利用效率、加大二次能源的回收和循环利用，开发突破性冶炼技术以及在寻求利用新能源解决方案等方面做出更多的努力，才能更多的承担起减排责任，为我国碳减排事业做出应有的贡献。

　　目前我国钢铁行业面临着产能过剩的危机，2016年发布的《国务院关于钢铁行业化解过剩产能实现脱困发展的意见》对于钢铁企业在能耗、环保和质量方面给出了严格的规定，不达标着要求依法依规退出：

　　——环保方面：严格执行环境保护法，对污染物排放达不到《钢铁工业水污染物排放标准》《钢铁烧结、球团工业大气污染物排放标准》《炼铁工业大气污染物排放标准》《炼钢工业大气污染物排放标准》《轧钢工业大气污染物排放标准》等要求的钢铁产能，实施按日连续处罚；情节严重的，报经有批准权的人民政府批准，责令停业、关闭。

　　——能耗方面：严格执行节约能源法，对达不到《粗钢生产主要工序单位产品能源消耗限额》等强制性标准要求的钢铁产能，应在6个月内进行整改，确需延长整改期限的可提出不超过3个月的延期申请，逾期未整改或未达到整改要求的，依法关停退出。

　　——质量方面：严格执行产品质量法，对钢材产品质量达不到强制性标准要求的，依法查处并责令停产整改，在6个月内未整改或未达到整改要求的，依法关停退出。

4.3.2 经济社会与企业自身发展的必然要求

（1）高效绿色可循环是发展方向。

进入新世纪以来，我国工业化进程加快，工业整体素质明显改善，工业体系门类齐全、独立完整，国际地位显著提升，已成为名副其实的工业大国。在 500 多种主要的工业品当中，有 220 多种产品产量居全球第一位。但我国工业化速度与资源环境承载力不平衡，绿色经济发展不充分，工业发展依然有高投入、高消耗、高排放的特点，工业仍然是消耗资源能源和产生排放的主要领域，资源能源的瓶颈制约问题日益突出。

我国在工业化进程中一直高度重视资源节约和生态环境保护工作。十六大及之后相继提出科学发展观，走新型工业化发展道路，发展低碳经济、循环经济，建立资源节约型、环境友好型社会，建设生态文明等新的发展理念和战略举措。十七大强调，到 2020 年要基本形成节约能源资源和保护生态环境的产业结构、增长方式和消费模式。十八人提出包含生态文明建设在内的"五位一体"战略布局。十九大报告指出，"我们要建设的现代化是人与自然和谐共生的现代化，既要创造更多物质财富和精神财富以满足人民日益增长的美好生活需要，也要提供更多优质生态产品以满足人民日益增长的优美生态环境需要。必须坚持节约优先、保护优先、自然恢复为主的方针，形成节约资源和保护环境的空间格局、产业结构、生产方式、生活方式，还自然以宁静、和谐、美丽。"

工业是立国之本，是我国经济的根基所在，也是推动经济发展提质增效升级的主战场。工业要主动适应我国现阶段的新常态，把绿色低碳转型、可持续发展作为建设制造强国的重要着力点。我国钢铁工业发展的内涵是实现绿色发展，是形成在末端治理、节能减排、清洁生产、循环经济、低碳经济、工业生态链、绿色制造的基础上，以具备钢铁产品制造、能源转换、废弃物处理消纳和再资源化等功能，具有良好的经济、环境和社会效益的新一代钢铁流程为特点的发展模式。

（2）有利于降低企业成本，提高竞争力。

钢铁企业的碳减排主要以两种途径实现，其一为优化钢铁行业的能源结构。我国钢铁产业能源消耗以煤为主，是污染较为集中的行业。化石燃料消耗是引起钢铁企业二氧化碳排放规模大的主要因素。降低能源结构中的煤炭占比，可有效实现温室气体减排。随着低碳经济的发展，各种新能源不断涌现，企业可通过新能源的利用、高炉煤气、焦炉煤气以及转炉煤气的回收利用等措施来减少传统能源的消耗。一方面，减少了由化石能源消耗所带来的成本，另一方面，也降低了污染物排放产生的治污费用。其二为加快淘汰落后工艺、技术和装备。绿色低碳经济的时代，高耗能的设备和技术已逐渐不能适应发展的需求，企业应逐步调整其设备及技术满足时代要求。技术水平的提升带来能效水平的提高和能耗成本的下降。

在节能低碳发展的环境下，公众对于绿色低碳的认识和意识逐渐增强，在选择产品时，会更倾向于绿色低碳的产品，从而引导市场朝向绿色低碳发展。钢铁企业应顺应时代潮流和社会需求，大力开发生产绿色低碳产品，积极履行节能环保责任，提升企业自身竞争力。

从国际上看，在全球低碳发展的大趋势下，评价企业竞争力的标准和维度将越来越多地涵盖低碳因素，钢铁企业也必须转变其以往的高碳发展模式，提升其低碳竞争力。我国是不折不扣的钢铁大国。作为发展中国家，中国虽暂未被列入强制减排的国家，但西方国家对中国钢铁行业碳排放"虎视眈眈"，经常在气候谈判中提及钢铁行业"碳排放"。因此，随着中国承担的减排责任的加重，我国钢铁企业所承受的减排压力日趋严峻。近些年的市场波动如国际贸易保护主义盛行，出口受阻，铁矿石价格波动等给企业盈利带来多重挑战,这种复杂背景下钢铁企业节能减排降碳的任务非常艰巨。

4.3.3 推进钢铁行业内部调整和国际合作

我国目前在推进钢铁行业调整升级、推进国际产能合作等方面正在进行着积极的努力。

(1)淘汰落后产能,落实供给侧改革。

根据冶金工业规划研究院发布的《中国钢铁工业环境保护白皮书(2005—2015)》显示,2005—2015 十年间我国已累计淘汰炼铁产能 2.47 亿吨,累计淘汰炼钢产能 1.72 亿吨。开展供给侧结构性改革以来,钢铁行业 2016—2018 年共压减 1.45 亿吨表内产能,2017 年上半年淘汰了 1.4 亿吨地条钢,去产能总量已经超过 2.85 亿吨。在已有产能进行减量的同时,钢铁行业新增产能亦受到严格控制。电炉成为新的边际生产者,产量占比逐渐上升,但是未超过 10%。

钢铁行业的落后产能主要侧重于钢铁的工艺和装备层面,具体包括不具备安全生产条件,严重污染或破坏生态环境,严重浪费资源、能源的钢铁产能装备。通过不断努力,我国钢铁落后产能不断淘汰,钢铁企业的污染物排放水平大幅改善,先进产能的比重也在大幅提升。尽管钢铁企业在全国工业中仍属高耗能高污染产业,但全行业的环保意识在不断增强,环保投入也在持续增加,如果按照装备规模和工艺技术两个标准来看的话,绝大多数落后产能都已经被淘汰掉了,只剩下很少的一部分。全国钢铁企业通过中国环境管理体系认证的比例超过了 90%。

2016 年初,随着国家《关于钢铁行业化解过剩产能实现脱困发展的意见》出台,关于落后装备的政策认定在正逐步从严,标准也随之不断提高。相关部门出台了奖补资金、职工安置等配套文件,各地纷纷行动,制定任务,采取措施。淘汰落后、违法违规建设项目清理和联合执法等专项行动陆续展开，去产能抽验工作有序进行。

2016 年 12 月，《关于钢铁煤炭行业化解过剩产能金融债权债务问题的若干意见》（简称《意见》）发布实施，针对钢铁煤炭行业化解过剩产能金融债权债务问题，进一步明确差别化政策，提出支持钢铁煤炭企业合理资金需求，坚决停止对落后产能和"僵尸企业"的金融支持，支持对钢铁煤炭企业开展市场化债转股，支持产业基金和股权投资基金投资钢铁煤炭骨干企业等措施。金融是化解过剩产能的重要抓手，债转股、兼并重组、严控违规新增产能以及担保处置、不良资产处置、僵尸企业处置等问题，都离不开有效的金融手段。《意见》的发布可谓正逢其时。

（2）紧密结合"一带一路"建设，推进钢铁行业国际产能合作。

《国务院关于钢铁行业化解过剩产能实现脱困发展的意见》明确指出，鼓励有条件的企业结合"一带一路"建设，通过开展国际产能合作转移部分产能，实现互利共赢。"一带一路"战略下推进钢铁产能国际合作，主要有两种实现形式，包括产品出口和产能走出去。

近年来，"一带一路"沿线国家正大力发展工业，出于国际收支平衡考虑，这些国家加大力度推进钢铁等产品的"进口替代"政策。在这种背景下，我国"一带一路"产能合作逐渐向产能转移方式过渡，已有部分企业提前介入，从而加速了中国钢铁产能的全球化布局。目前，中国钢铁企业在"一带一路"沿线国家和地区的影响力日益增强，中国钢铁产品出口在"一带一路"沿线地区出现井喷。随着中亚、南亚、东南亚等地基础设施建设需求释放，以及全球雁阵产业梯度转移，"一带一路"沿线国家已经成为了全球钢铁消费的新增长点。此外，中国钢铁企业纷纷在中亚、东南亚等地区投资建厂。但是也应认识到，钢铁企业在走出去的过程中，面临着来自当地的政治安全风险、管理与投资风险、环保风险等，需要不断积累总结经验，有效提高应对能力。

从全球范围看，钢铁工业是我国制造业门类中最具全球竞争力的行业之一，已经实现了"5G"水平——好产品、好规模、好价格、好服务、好品牌，能够在国际产能合作中发挥引领和带动作用。以首钢集团、中信集团、河钢集团、中钢集团等为代表的中国企业，相继在秘鲁、澳大利亚、南非、加拿大等国家投资建设了恰那铁矿、中澳铁矿、加蓬蒙贝利锰矿、南非萨曼科铬业等项目；河钢集团收购塞尔维亚斯梅代雷沃钢铁厂、青山集团印尼镍铁项目等海外投资钢厂项目进展顺利。据不完全统计，到 2016 年，我国钢铁工业累计对外投资已超过 1000 亿美元，设立了中白工业园、中泰罗勇工业园等境外合作区。

4.3.4 顺应转型升级，提升发展质量

在未来，我国钢铁行业面临着争取碳排放强度的下降、推动产品结构升级、完善钢铁生产调整布局、提升自主创新能力和有效供给水平、发展绿色和智能制造、促进兼并重组、深化开放、增强铁矿资源保障能力和营造公平竞争环境等任务。

（1）争取碳排放强度的下降。

国家"十三五"规划中提出"十三五"期间，单位 GDP 能源消耗降低 15%、主要污染物排放总量减少 10% ~15% 的要求。结合"十三五"期间粗钢产量缓降态势，以及目前我国钢铁行业能源消耗水平和污染物排放强度的实际，《钢铁工业调整升级规划（2016—2020 年）》提出"十三五"期间能源消耗总量和污染物排放总量双下降的目标，分别下降 10% 和 15% 以上，吨钢综合能耗下降 12% 以上。实现上述目标，钢铁行业低碳转型势在必行。

钢铁企业重点围绕拓展企业"产品制造、能源转换、废弃物消纳处理"三大功能，推动产业低碳转型，降低单位产品碳排放。

首先，应坚持"绿色制造"，将钢铁生产流程打造为低成本、低排

放、高效率、高效益的循环经济产业链。钢铁企业应依靠技术和管理创新，实现低品位矿的高效开采和高效利用，加强低碳生产技术的创新研究与技术推广，提高资源能源，如废气热能、废水废渣等的循环利用，实现钢铁企业的降本增效。

其次，应坚持节约能源和提高能源利用效率为基本出发点。钢铁企业碳排放主要来源于化石燃料燃烧及外购电力，因此，钢铁企业减少碳排放的重要途径，一方面是不断探索降低能源消耗的新技术、新工艺，持续降低能源消耗，特别是煤等固体燃料的消耗；另一方面是提高能源利用效率，充分发挥钢铁行业的能源加工转换功能，提高一切设备的能效水平，降低能源消耗，包括进一步提高二次能源的回收利用水平，不断提高企业自发电率。

再次，积极调整优化能源结构，发展新能源和可再生能源。能源变革和低碳发展已成为世界性的潮流。在未来钢铁企业的低碳发展中，调整优化能源结构、降低化石能源的消耗是企业应不断追求的方向。特别是目前行业进入低速发展时期，严峻的资源和环境刚性约束将倒逼钢铁加快企业能源消费结构的优化调整，包括落后产能淘汰、生产结构调整、提高产品附加值等。

国家发展改革委 2012 年印发的《中国钢铁生产企业温室气体排放核算方法与报告指南（试行）》可以帮助企业科学核算和规范报告自身的温室气体排放，制定企业温室气体排放控制计划，积极参与碳排放交易，强化企业社会责任。同时也为主管部门建立并实施重点企业温室气体报告制度奠定基础，为掌握重点企业温室气体排放情况，制定相关政策提供支撑。

（2）优化产品结构和进出口结构，推动产品高端化。

在过去十几年里，中国政府和钢铁工业研发的高投入已经显著提升钢铁产品质量。现在，我国各个政府部门（包括科技部、工信部和自然科学基金委等）对钢铁企业的研发投入并没有因为企业效益不好而减慢步伐，反而在增加投入。"十三五"更针对高品质特殊钢的研发进行巨大投入。同时，我国的钢铁企业在进一步拓展国际市场上也有长足的发展，钢铁企业积极开展美标、韩标、印标等产品认证。

作为钢铁出口大国，我国的出口贸易在缓解了国内产能问题过剩的同时，还为世界各国提供了原料的生产和加工，实现了各国钢铁产业的优势互补。但我国钢铁行业进出口结构仍存在不平衡问题。我国出口的钢材大多数是初级产品，而进口的则以高端优特钢为主，出口产品结构高端化是塑造中国品牌的必然选择。当然也应注意到，我国钢铁企业不断研发高质量钢铁产品，部分高品质特殊钢产品逐步批量化生产，使得国内钢材自给率不断提高，进口钢材被替代性越来越强。

我国钢铁生产设备制造水平还落后于欧洲，欧洲在过去十几年里为中国制造并出口了大量钢铁生产设备。开发钢铁高端技术，减少对国外钢铁生产设备的依赖将是中国钢铁行业在下一阶段的发展重点之一。

《钢铁工业调整升级规划（2016—2020 年）》中提出要提升钢铁有效供给水平，鼓励钢铁企业与下游用钢企业主动对接，围绕用户需求，结合先期研发介入、后期持续跟踪改进（EVI）模式，创造和引领高端需求。支持企业重点推进高技术船舶、海洋工程装备、先进轨道交通、电力、航空航天、机械等领域重大技术装备所需高端钢材品种的研发和产业化。随着《中国制造2025》、"一带一路"战略的落实，高速铁路、军工核电、航空航天、高端装备制造及新能源行业的发展，钢铁企业可以借助与上述领域企业合作的机会，努力提升钢材的附加值。

第5章

中国钢铁行业温室气体减排机会分析

对于我国钢铁行业来说，温室气体减排主要包括规模减排、结构减排和技术减排等。近年来，由于宏观经济形势的影响和钢材市场需求回落等，钢铁行业快速发展过程中积累的矛盾和问题逐渐暴露，其中产能过剩问题尤为突出，钢铁产能已由区域性、结构性过剩逐步演变为绝对过剩。钢铁生产处于过饱和状态，实现规模减排不太可能。而且，由于技术锁定效应，再考虑到我国废钢回收利用的实际情况等，钢铁行业难以在短期内大幅提高电炉钢的比例，结构减排潜力也比较有限。因此，对于我国钢铁行业来说，在应对产能过剩、资源环境压力、气候变化压力等挑战时，加快自主创新、重视和推动技术的研发和改进升级，是摆脱困境和实现减排的必然选择和有效途径。对于单个钢铁企业来说，其自身生产流程的优化、改进管理等措施，也可以实现减排，这些内容在第六章的减排政策建议部分会有详细的讨论和阐释。本章主要从技术角度进行分析。

5.1 钢铁生产工艺流程碳排放识别

5.1.1 行业及企业类型

按其生产流程划分，钢铁行业有两大类：高炉—转炉流程，俗称长流程；电炉流程，俗称短流程。按企业生产类型划分，钢铁行业则有钢铁联合企业，特殊钢企业，普通电炉钢企业，独立的焦化，球团、炼铁、炼钢（生产到坯、锭）、轧钢（仅压延成型）以及钢材加工等。

现今的钢铁企业，有时已不是单纯的长、短流程模式。在钢铁联合企业中，配有电炉生产工序的已不是少数几家企业。近年来，在电炉钢企业，特别是在行业重点大、中型企业中，绝大部分企业已变为高炉+电炉的生产方式，电炉配加热铁水成为现今电炉钢企业特有的生产工艺流程。

5.1.2 钢铁工业基本生产工艺流程及特点

钢铁生产流程主要分为高炉—转炉长流程和电炉短流程两大类：

高炉—转炉长流程是以铁矿石、煤炭为主要原料，通过烧结（或球团）、焦化、高炉、炼钢、连铸和轧钢等工序生产钢材的流程。主要设施包括原料场、烧结球团、焦化、炼铁、炼钢、热轧、冷轧及制氧、燃气、动力等辅助生产设施。主要工艺流程图如图5-1所示。

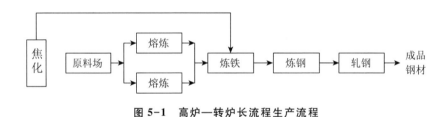

图 5-1　高炉—转炉长流程生产流程

电炉短流程是以废钢或海绵铁（直接还原铁）为主要原料，通过电炉炼钢和轧钢等工序生产钢材的流程。主要设施包括电炉、连铸、轧钢及制氧、燃气、动力等辅助生产设施。主要工艺流程如图5-2所示。

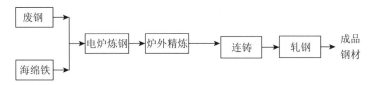

图 5-2 电炉短流程生产流程

现阶段，在我国钢铁生产企业中，高炉—转炉长流程的钢产量占主导地位，而由于废钢资源短缺、电力供应不足以及价格因素，采用电炉短流程生产的钢产量较低，占比不足10%。同时，出于降低冶炼电耗、生产成本，以及提高钢水纯净度的需求，近年来部分钢铁企业采用电炉兑部分铁水的冶炼工艺。但是，受限于直接还原铁工艺国内技术成熟度等因素，目前国内尚未出现以直接还原铁为原料的电炉短流程钢铁企业。未来，我国钢材需求量达到峰值后会出现下降的趋势，废钢资源会逐步增加，电炉炼钢在我国炼钢行业中所占的比重也会越来越高。

不同生产工艺流程的碳排放特点、排放源及排放量存在较大差异。总体来看，电炉短流程主要使用再生资源——废钢，不包括铁前生产工序（包括炼焦、烧结、球团、炼铁工序），这不仅减少了还原剂碳的消耗，也减少了化学反应所需的能量的消耗，所以电炉短流程比利用天然资源的高炉—转炉长流程消耗更少的原料和能源，在降低能耗和二氧化碳排放量方面具有明显优势。通常高炉—转炉流程的能耗是电炉短流程的2倍以上，二氧化碳排放也是电炉短流程的3倍左右。

5.1.3 钢铁行业工序能源消耗情况

钢铁生产有许多道工序，各工序的能源消耗品种和数量不同，有其各自特点。图5-3到图5-8是由中国钢铁工业协会统计的近些年全国重点钢铁企业各生产工序能耗的数据。

（千克标准煤/吨）

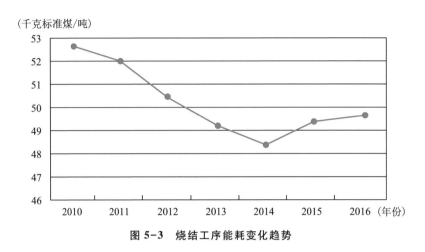

图 5-3　烧结工序能耗变化趋势

如图 5-3 所示，烧结工序能耗从 2010 年开始连续下降，到 2014 年降至最低点，2015 年和 2016 年略有反弹。烧结工序能耗中，固体燃耗约占 80%，电力约占 13%，点火燃耗约占 6.5%，其他约占 0.5%。因此，降低固体燃耗是烧结工序节能工作的重点。此外，采取热风烧结和烧结余热回收等措施，也可促进烧结工序能耗降低。

（千克标准煤/吨）

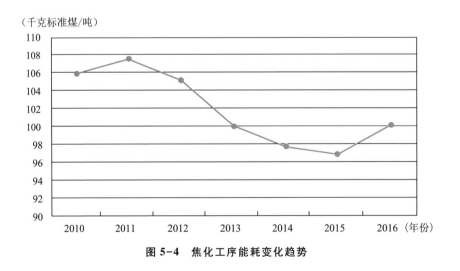

图 5-4　焦化工序能耗变化趋势

如图 5-4 所示，焦化工序能耗整体上呈下降趋势，但 2016 年比之前有所回升。焦化工序能耗中，除煤消耗外，消耗量最高的是焦炉煤气或高炉煤气，占能耗的 10% 左右。煤气消耗量与结焦时间、热工制度的稳定有关，但这些方面企业之间的差异不大。有 CDQ（干熄焦）装置的企业焦化工序能耗要低一些，但企业之间 CDQ 回收能源水平有较大差距，建设高温、高压的 CDQ 装置，可多回收能量 15% 左右。焦炉上升管煤气余热的显热，仅次于 CDQ 回收的能量（占炼焦工序用能的 37%），但目前焦化企业中尚未出现完全成熟的案例。

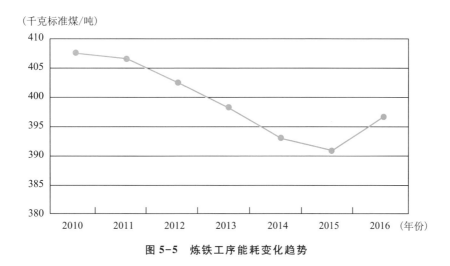

（千克标准煤/吨）

图 5-5　炼铁工序能耗变化趋势

如图 5-5 所示，炼铁工序能耗呈与焦化工序类似的连续下降的走势，2016 年有所回升。高炉炼铁所需能量有 78% 来自碳素（用燃料比表示）燃烧，燃料比降低是炼铁工序能耗降低的前提。钢铁企业节能工作要从源头抓起，首先是实现减量化用能（降低燃料比），其次是提高能源利用效率（提高风温和高炉煤气利用水平），最后是提高二次能源回收利用水平（有炉顶压回收透平装置，即 Top Pressure Recovery Turbine Unit，TRT，以及水渣余热回收等）。目前，我国 TRT 平均发电量在 32 千瓦时左右，有 1/3 的能力没有发挥出来，相关企业应努力提高 TRT 装置的工作能力。

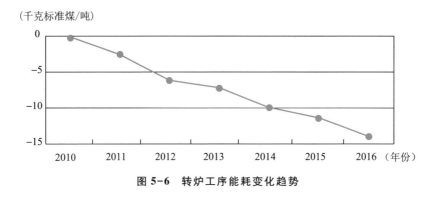

图 5-6　转炉工序能耗变化趋势

转炉工序煤气消耗占能源总量的 42%，其中电力和氧气各占 20% 左右，降低这两种消耗即可节能。转炉能源回收中，蒸汽占 27%，煤气占 73%，提高回收量，转炉工序能耗值可为负值。一般煤气回收大于 100 立方米/吨、蒸汽回收大于 80 千克/吨的企业，转炉工序就可以实现负能炼钢。从趋势上看，转炉工序能耗实现了连续下降，可见煤气和蒸汽的回收利用率正在逐步提高（见图 5-6）。

图 5-7　电炉工序能耗变化趋势

如图 5-7 所示，电炉工序能耗基本呈现缓慢下降的趋势。电耗占电炉工序总能耗的 60% 左右，所以节电是电炉工序节能工作的主要内

容。以 2014 年为例，中钢协会员单位钢铁企业电炉使用热铁水比例由
2013 年的 576.98 千克/吨升高到 613.85 千克/吨，使吨钢综合电耗由
301.42 千瓦时/吨，降到 292.17 千瓦时/吨。此外，电炉企业还采取了
一系列节电措施（如吹氧、喷碳，余热回收等），使我国电炉工序能耗
得以下降。

（千克标准煤/吨）

图 5-8　轧钢工序能耗变化趋势

我国一些大型钢铁企业钢加工深度不断延伸，轧钢工序能耗有所升
高（见图 5-8）。企业之间进行轧钢工序对标，由于轧钢品种和类型不
同，工序能耗值差距较大，应根据钢材的品种进行具体分析。一般而
言，生产简单建筑用钢产品的能耗较低，加工程度越深能耗越高。

总体来看，2010—2016 年，重点大中型钢铁企业主要生产工序能耗
呈下降趋势，体现了全行业能源管理水平的提升和节能技术的进步。

5.1.4　钢铁工艺流程工序碳排放环节分析

5.1.4.1　钢铁工业温室气体排放特点

钢铁工业是典型的铁—煤化工过程。钢铁制造流程的物理本质是铁
素物质流（如铁矿石、废钢、铁水、钢水、铸坯等）在能量流（主要是

碳素流）的驱动和作用之下，按照特定的运行程序，在"流程网络"中动态有序地运行。在"流程"的运行过程中，最重要的能量流是碳素流，因此，钢铁生产过程中排放二氧化碳是不可避免的，生产 1 吨钢约排放 2 吨二氧化碳。一个典型钢铁生产流程的二氧化碳排放如图 5-9 所示。

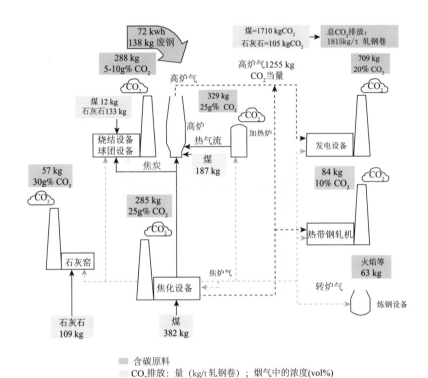

图 5-9　典型钢铁生产流程的二氧化碳排放①

钢铁工业的温室气体排放有三个主要特点：①按《京都议定书》制定的 6 种温室气体中，对钢铁工业而言，二氧化碳排放是最主要的，其对温室效应的贡献大约占 95%。②钢铁工业的二氧化碳排放主要由能源消耗引起，约占其二氧化碳排放总量的 95%。③相对其他工业流程来说，钢铁制造流程工序多，流程长，结构更复杂，钢铁联合企业中至

---

① IEA，CO$_2$ Abatement in the Iron and Steel Industry，2012.

少包括原料、焦化、烧结、高炉、转炉、精炼、连铸、热轧、冷轧及其他深加工等十多个工序环节，其中铁素物质流和碳素能量流时而"耦合"、时而分离，分别形成了铁素物质流和碳素能量流的"流程网络"，因此，钢铁制造流程的二氧化碳排放源繁杂。但钢铁生产流程，特别是高炉—转炉长流程中的能源消耗，主要集中在铁前系统（焦化、烧结和高炉），其能量流（碳素流）网络是最复杂的，也是二氧化碳排放的主要部分（见表5-1）。

表5-1　钢铁制造流程各工序及企业的碳直接输入输出分析

工序	输入			输出		
	化石燃料	含碳熔化	其他原料	产品	副产品	其他
焦化	洗精煤、加热焦炉用煤气等	—	—	焦炭	COG，粗苯、焦油等	—
烧结	固体燃料、点火煤气等	石灰石、白云石等	铁矿粉、高炉粉尘、返矿等	烧结矿	—	回收的粉尘、返矿等
炼铁	焦炭、煤粉、热风炉消耗煤气等	石灰石等	烧结矿、块矿、球团矿等	铁水	BFG	高炉渣、回收的粉尘等
炼钢	—	白云石、菱镁矿等	铁水、生铁、块烧结矿（氧化球团）、废钢、铁合金等	钢水	BOFG	钢渣、回收的尘泥等
连铸—热轧	加热炉用煤气	—	钢水	钢材	—	—
钢铁企业	煤、焦炭、石油、天然气等	石灰石、白云石、菱镁矿等	铁矿石、废钢、铁合金、球团、生铁、烧结矿等	钢材、生铁、焦炭等	COG、BFG、BOFG、焦油、粗苯等	高炉渣、钢渣等

5.1.4.2　高炉—转炉流程

图5-10列举了高炉—转炉流程中碳足迹的示意图。下面对流程中炼焦、烧结、球团、高炉、转炉、轧钢、石灰和工业锅炉等环节的碳足迹（碳平衡）分别进行说明。

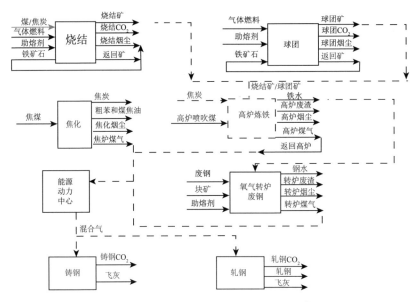

图5-10　高炉—转炉流程中的碳足迹①

（1）炼焦。

焦炭是高炉冶炼的主要燃料，因此炼焦工序是采用高炉—转炉流程的钢铁生产企业的一个重要生产环节。焦化工序能耗约占钢铁企业总能耗的6%，节能降碳始终是焦化工作的重点，在确保焦炭质量的前提下，应持续有效降低焦化工序能耗。

---

① Wenqing Xu. CO₂ Emissions from China's Iron and Steel Industry [J]. Journal of Clean Production, 2016.

炼焦以生产冶金焦为主要目的，同时回收炼焦化学产品，其主要工艺生产过程是指炼焦煤在隔绝空气条件下加热到1000℃左右（高温干馏），通过热分解和结焦产生焦炭、焦炉煤气和其他炼焦化学产品。炼焦炉是炼焦的主要热工设备。

焦化过程中的碳素流输入端包括洗精煤，各种副产煤气及沥青、塑料等含碳原料，输出端包括焦炭产品，焦油、粗苯等副产品，焦炉煤气等（见图5-11）。

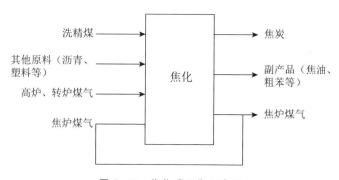

图5-11　焦化碳平衡示意图

（2）烧结。

烧结是将各种粉状含铁原料，配入适量的燃料和熔剂，加入适量的水，经混合和造球后在烧结设备上使物料发生一系列物理化学变化，将矿粉颗粒黏结成块的过程。

烧结过程必须在一定的高温下才能进行，而高温需要通过燃料的燃烧才能达到。烧结所用燃料包括固体燃料（焦粉、煤粉）和气体燃料（点火煤气：COG、BFG和BOFG），以固体燃料为主。烧结混合料中的碳燃烧后最终将转变为二氧化碳、一氧化碳，但因受烧结混合料中的分布、烧结工艺等因素的影响，固体燃料部分燃烧不完全，会形成烧结粉尘和烧结矿及返矿中的残碳。此外，烧结矿生产过程使用的熔剂中，石灰石、白云石等含碳熔剂会带来二氧化碳的直接排放（见图5-12）。

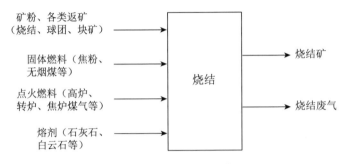

图 5-12　烧结碳平衡示意图

（3）球团。

球团矿是细磨铁精矿或其他含铁粉料造块的又一方法。它是将精矿粉、熔剂（有时还有黏结剂和燃料）的混合物，在造球机中滚成直径8～15毫米（用于炼钢则要再大些）的生球，然后干燥、焙烧，固结成型，成为具有良好冶金性质的优良含铁原料，供给钢铁冶炼需要。球团法生产的主要工序包括原料准备、配料、混合、造球、干燥和焙烧、冷却、成品和返矿处理等（见图5-13）。

图 5-13　球团碳平衡示意图

（4）高炉。

炼铁高炉是炉窑的中心环节，所消耗的能源量占整个钢铁制造过程的 50% 左右。高炉生产的主要目的是把氧化铁矿石还原为粗铁或生铁（碳被用作还原剂）。

碳素是炼铁过程中的主要还原剂，由焦炭、喷吹煤粉中的碳转化为一氧化碳、二氧化碳；在一定条件下，也发生少量的析碳反应。此外，由于铁氧化物还原最初生成的海绵铁具有较高的活性，以及熔铁滴落穿过焦炭层过程具有良好的渗碳条件，所以，会有相当数量的碳发生渗碳反应而溶入铁水。

炼铁过程中碳素主要来源于焦炭和喷吹燃料（煤粉），一小部分来自烧结矿残碳；如添加石灰石等熔剂，则有少量来自碳酸盐分解产生的二氧化碳。碳素在炉内发生复杂的物理化学变化后，最终转化为一氧化碳、二氧化碳进入到煤气中；部分溶解于生铁中，少量进入煤气粉尘中，随煤气逸出炉外。碳素流在炉内以氧化反应为主，大部分进入煤气，约有 45~50 千克/吨（HM）的碳素通过渗碳溶入铁水，6 千克/吨（HM）左右进入粉尘中；进入煤气中的碳素 50%~55% 转化为一氧化碳、45%~50% 转化为二氧化碳。此外，高炉鼓风也含有一定量的二氧化碳，而热风炉也要消耗一定量的煤气（主要是 BFG 和 COG）来对空气进行加热，最终以热风炉废气的形式排出（见图 5-14）。

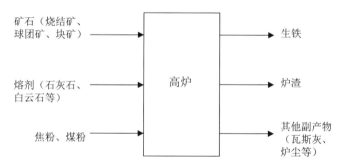

图 5-14 高炉炼铁碳平衡示意图

（5）转炉。

转炉炼钢是以铁水、废钢、铁合金为主要原料，靠铁液本身的物理热和铁液组分间化学反应产生热量而在转炉中完成炼钢过程。炼钢过程中，由铁水带入的 4.0%~4.5% 的碳将在氧气射流的作用下快速氧化，最终钢水中仅含有 0.08% 左右的碳。

转炉碳输入端应包括热铁水、石灰石等造渣剂、废钢等冷却剂、气体燃料（包括高炉、转炉、焦炉煤气）等，碳输出端包括钢水、转炉煤气、钢渣等（见图5-15）。

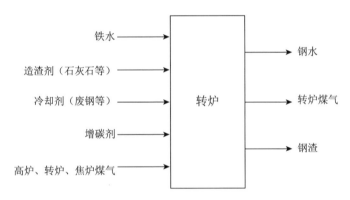

图 5-15　转炉炼钢碳平衡示意图

（6）轧钢。

使用轧钢加热炉的目的是把坯料加热到均匀的、适合轧制的温度。加热温度和均匀程度是加热质量的标志，加热质量好的钢，容易获得断面形状正确、几何尺寸精确的成品。因此，轧钢加热炉是轧钢工序中最主要的能源消耗及碳排放设施。

轧钢加热炉以钢铁企业副产高炉、转炉、焦炉煤气为燃料，沿长度方向上分三段控制，即预加热段、加热段和均热段。钢坯进入加热炉预热段，热流逐渐增大；钢坯进入加热段，热流基本保持不变；钢坯进入均热段，热流逐渐减小。通常断面大的钢坯要比断面小的钢坯加热时间长，合金钢比碳钢的加热时间长。

因此，轧钢加热炉碳输入端应包括钢坯及高炉、转炉、焦炉煤气等，碳输出端包括钢坯及加热炉排烟（见图5-16）。

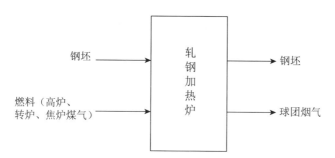

钢坯 → 轧钢加热炉 → 钢坯

燃料（高炉、转炉、焦炉煤气） → 轧钢加热炉 → 球团烟气

图5-16　轧钢加热炉碳平衡示意图

（7）石灰。

石灰是钢铁生产过程中重要的辅助材料，随着钢铁工业的快速发展，钢铁工业石灰消耗量也随之快速增长。现阶段，生产规模较大的高炉—转炉长流程钢铁生产企业均配套有石灰工序。

石灰窑按燃料分为混烧窑（烧固体燃料，如焦炭、焦粉、煤等）和气烧窑（烧高炉、焦炉、转炉煤气等），按窑形分为竖窑、回转窑、套筒窑、麦尔兹窑、弗卡斯窑等，还有正压操作窑和负压操作窑之分。以钢铁生产过程中产生的副产煤气为燃料的节能环保型石灰窑的成功应用对于钢铁企业节能减排增效具有重要的促进作用。

石灰窑的工艺过程为：将石灰石和燃料装入石灰窑（气体燃料经管道和燃烧器送入），预热后到850℃开始分解，到1200℃完成煅烧，再经冷却后，卸至窑外，完成生石灰产品的生产（见图5-17）。

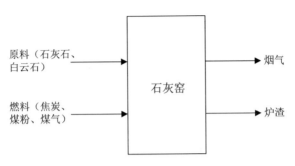

图 5-17　石灰碳平衡示意图

（8）工业锅炉。

钢铁联合企业高炉、转炉、焦炉生产过程中，副产大量煤气，在满足生产用户需求后，仍有较大富余。随着近年来钢铁行业节能减排技术的发展，建设煤气发电机组已成为现阶段钢铁企业富余煤气的普遍利用途径。

高炉—转炉长流程钢铁生产企业中，由于富余煤气较为丰富，发电锅炉燃料通常采用高炉、转炉、焦炉煤气，部分企业从平衡煤气供需角度出发，建有煤气煤粉混烧锅炉（见图 5-18）。

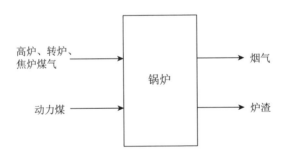

图 5-18　工业锅炉碳平衡示意图

5.1.4.3　电炉流程

（1）电炉。

电炉流程的钢铁生产过程是铁—碳化工的过程，碳素的输入（二氧化碳的排放源）主要来源于电力、煤气等能源的消耗，熔剂（石灰石、白云石等）的分解以及含碳原料的消耗。

以电炉流程为主的钢铁企业在生产过程中产生的各种含碳原料和燃料都以二氧化碳的形式排放，因为其他形式含碳物质的排放最终都会被氧化为二氧化碳，所以可以将以所有形式释放的碳都算作二氧化碳排放。若将电炉流程的钢铁生产企业作为一个平衡系统，并定义碳输入端为流入计算边界的所有原材料所含的固定碳折合的二氧化碳排放量，碳输出端为流出计算边界的所有产品所含的固定碳折合的二氧化碳排放量，则边界两端的二氧化碳排放量差值即是电路流程企业最终的二氧化碳排放量，所以碳输入端应该包括能源、熔剂和其他含碳原料，碳输出端应该包括二氧化碳排放、产品和副产品二氧化碳（见图5-19）。

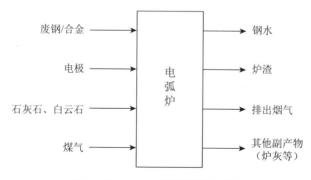

图5-19　工业锅炉碳平衡示意图

（2）轧钢加热炉。

无论是电炉短流程还是高炉—转炉长流程钢铁企业，轧钢加热炉的工作原理及过程都是相同的。但在碳排放方面，由于电炉短流程企业没有副产煤气，轧钢加热炉燃料通常采用天然气、发生炉煤气等（见图5-20）。

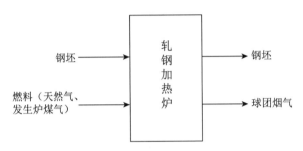

图5-20 轧钢加热炉碳平衡示意图

（3）工业锅炉。

由于电炉短流程企业没有副产煤气，工业锅炉燃料通常采用天然气、动力煤等（见图5-21）。

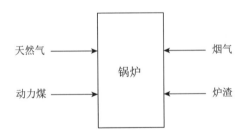

图5-21 工业锅炉碳平衡示意图

（4）高炉—电炉流程。

高炉—电炉流程企业中，高炉、轧钢加热炉、工业锅炉等碳排放设施和碳排放情况与高炉—转炉长流程各工序基本一致。但电炉工序中由于兑加部分铁水，碳排放情况不同于常规电炉短流程生产工艺。图5-

22 为电炉炼钢碳平衡示意图。

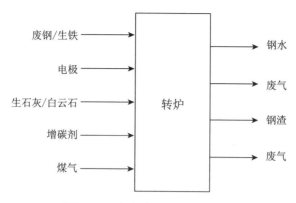

图 5-22　电炉炼钢碳平衡示意图

5.1.5　企业各工序能源消耗情况案例

根据我国现阶段钢铁行业高炉—转炉长流程以及电炉短流程炼钢过程中主要耗能环节，选取我国 6 个企业（编号为 ABCDEF）的调研数据进行分析，对所选企业各工序能耗进行分析。表 5-2 ~表 5-7 所列数据为 6 家企业能源消耗的详细种类与数量，其中前 5 家企业为高炉—转炉长流程炼钢，最后一家企业（F）为电炉短流程炼钢。

（1）A 企业。

表 5-2　A 企业案例分析（2015 年）

工序	产品	产量 （万吨）	能源品种	能源消耗量 （万吨标准煤）	工序能耗 （千克标准煤/吨）
焦化	全焦	120.8	洗精煤	152.800	104.5
			焦炉煤气	14.200	
烧结	烧结矿	1091.0	无烟煤	19.800	45.1
			焦粉	30.700	
			高炉煤气	3.700	

续表

工序	产品	产量（万吨）	能源品种	能源消耗量（万吨标准煤）	工序能耗（千克标准煤/吨）
炼铁	合格铁	798.6	无烟煤	33.800	417.2
			动力煤	51.800	
			冶金焦	279.800	
			小焦	31.200	
			焦炉煤气	0.320	
			高炉煤气	56.600	
转炉炼钢	钢（含连铸）	759.4	焦炉煤气	0.500	-23.8
			高炉煤气	0.007	
			转炉煤气	1.370	
			丙烷	0.013	
轧材	棒材、热板、镀锌、彩喷等	1058.9	焦炉煤气	11.100	32.4
			高炉煤气	5.700	
			转炉煤气	8.800	

（2）B 企业。

表 5-3 B 企业案例分析（2015 年）

工序	产品	产量（万吨）	能源品种	能源消耗量（万吨标准煤）	工序能耗（千克标准煤/吨）
焦化	焦炭	461.3	洗精煤	597.80	84.93
			焦炉煤气	25.50	
			高炉煤气	28.50	
烧结	烧结矿	1652.5	无烟煤	36.60	44.50
			碎焦	44.30	
			焦炉煤气	3.90	
球团	球团矿	320.7	焦炉煤气	5.40	20.00

续表

工序	产品	产量（万吨）	能源品种	能源消耗量（万吨标准煤）	工序能耗（千克标准煤/吨）
炼铁	合格铁	1051.5	无烟煤	39.60	386.70
			烟煤	81.30	
			冶金焦	353.60	
			碎焦	31.40	
			焦炉煤气	0.56	
			高炉煤气	92.20	
转炉炼钢	钢（含连铸、精炼）	1082.7	焦炉煤气	4.80	-13.70
轧材	棒线材、中板、宽带等	1365.2	焦炉煤气	38.50	37.87

（3）C企业。

表 5-4　C企业案例分析（2016年）

工序	产品	产量（万吨）	能源品种	能源消耗量（万吨标准煤）	工序能耗（千克标准煤/吨）
烧结	烧结矿	510.6	洗精煤	9.3000	49.0
			焦粉、焦丁	7.5000	
			焦炉煤气	3.6000	
			柴油	0.0030	
炼铁	合格铁	372.6	喷吹煤	44.9000	382.9
			焦炭	128.0000	
			柴油	0.0013	
			高炉煤气	24.5000	
转炉炼钢	钢（含连铸、精炼）	355.5	转炉煤气	3.0000	-15.4
轧钢	线材、板材等	350.7	焦炉煤气	10.9000	38.0

（4）D 企业。

表5-5　D企业案例分析（2016年）

工序	产品	产量（万吨）	能源品种	能源消耗量（万吨标准煤）	工序能耗（千克标准煤/吨）
烧结	烧结矿	357.3	无烟煤	1.300	52.60
			焦粉、焦丁	16.000	
			高炉煤气	1.700	
炼铁	合格铁	372.6	烟煤	6.900	404.60
			无烟煤	23.800	
			焦炭	88.200	
			柴油	0.030	
			高炉煤气	16.100	
转炉炼钢	钢（含连铸、精炼）	223.7	转炉煤气	1.600	−5.72
			柴油	0.010	
电炉炼钢	钢（含连铸、精炼）	10.3	高炉煤气	0.100	56.60
			柴油	0.005	
			天然气	0.008	
轧钢	钢材	39.3	烟煤	2.300	125.10
			高炉煤气	1.500	
			转炉煤气	0.700	
			液化石油气	0.002	
			柴油	0.002	

（5）E 企业。

表5-6　E企业案例分析（2016年）

工序	产品	产量（万吨）	能源品种	能源消耗量（万吨标准煤）	工序能耗（千克标准煤/吨）
烧结	烧结矿	1457.6	白煤、焦末	1.30	41.30
			高炉煤气	8.50	
			转炉煤气	0.02	

续表

工序	产品	产量（万吨）	能源品种	能源消耗量（万吨标准煤）	工序能耗（千克标准煤/吨）
球团	球团矿	378.8	高炉煤气	8.90	33.26
			转炉煤气	2.20	
炼铁	合格铁	1113.7	焦炭	393.80	353.20
			白煤、焦末	135.50	
			高炉煤气	89.20	
转炉炼钢	钢（含连铸、精炼）	1101.3	转炉煤气	4.00	-23.78
轧钢	钢材	869.8	高炉煤气	28.00	39.90
			转炉煤气	1.80	

（6）F企业。

表5-7 F企业案例分析（2015年）

工序	产品	产量（万吨）	能源品种	能源消耗量（万吨标准煤）	工序能耗（千克标准煤/吨）
电炉炼钢	连铸坯（含精炼、连铸）	486	焦炭、煤粉	2.4	152.4
			天然气	4.2	
			煤气	1.0	

从6家企业案例中可以发现，高炉—转炉长流程炼钢过程中，耗能过程主要包含烧结→炼铁→转炉炼钢→轧钢/轧材过程，此外，A企业和B企业还包含焦化过程，B企业和E企业还包含球团过程。电炉短流程炼钢耗能过程主要为电炉炼钢过程。表5-8列举了炼钢各工艺环节所生成的产品以及消耗的能源种类和各工序能耗情况。可以看出，各环节均为多种能源混合消耗。炼铁工序能耗最高，为353.2~417.2千克标准煤/吨，电炉炼钢和轧钢两工序能耗变动幅度较大；转炉炼钢工序能耗最低，为-23.8~-5.72千克标准煤/吨，主要原因是可实现较多的能源回收，从而达到负能耗。

表 5-8　炼钢各工艺环节所产生产品、消耗能源种类及工序能耗情况

工序	产品	能源品种	工序能耗（千克标准煤/吨）
焦化	全焦、焦炭	洗精煤、焦炉煤气、高炉煤气	84.93~104.5
烧结	烧结矿	洗精煤、无烟煤、焦粉、焦丁、白煤、焦末、碎焦、高炉煤气、焦炉煤气、转炉煤气、柴油	41.3~52.6
球团	球团矿	焦炉煤气、高炉煤气、转炉煤气	20~33.26
炼铁	合格铁	无烟煤、烟煤、动力煤、喷吹煤、冶金焦、小焦、碎焦、焦炭、白煤、焦末、柴油、焦炉煤气、高炉煤气	353.2~417.2
转炉炼钢	钢（含连铸、精炼）	焦炉煤气、高炉煤气、转炉煤气、丙烷、柴油	-23.8~-5.72
电炉炼钢	钢（含连铸、精炼）、连铸坯（含精炼、连铸）	高炉煤气、柴油、天然气、焦炭、煤粉、煤气	56.6~152.4
轧材	棒材、线材、中板、热板、镀锌、宽带、彩喷等	焦炉煤气、高炉煤气、转炉煤气	32.4~37.87
轧钢	钢材、线材、板材等	焦炉煤气、烟煤、高炉煤气、转炉煤气、液化石油气、柴油	38~125.1

　　表 5-9 对各企业各工序能耗情况进行了横向对比。可以看出，炼铁工序是炼钢各工序中能耗较高的工序；而转炉炼钢工序能耗为负，说明该工序阶段回收能量大于消耗能量。6 家企业中仅有 A 企业和 B 企业两家企业有焦化工序，两者均优于国家标准，B 企业工序能耗低于 A 企业，可能原因为 B 企业采用的能源种类中包括部分高炉煤气，提高了该过程的能源效率。烧结工序中，C 企业和 D 企业工序能耗高于国家标准，其余三家企业均优于国家标准。球团工艺中，B 企业和 E 企业两家企业均优于国家标准。炼铁工艺中，A 企业和 D 企业两家企业炼铁工序高于国家标准，E 企业该工艺能耗最低。转炉炼钢工序中，国家标准

为−25 千克标准煤/吨，6 家企业均未达标，可能原因为技术的进步导致了标准的提高。表 5-9 中数据为企业 2015 年与 2016 年数据，而国家标准为 2017 年标准，这说明我国炼铁工序上能耗技术水平已得到一定的提高。电炉炼钢工序能耗虽高于转炉炼钢，但电炉炼钢工序无须前面工序，因而，从整个流程讲，电炉炼钢过程能耗仍低于转炉炼钢。

表 5-9　炼钢各企业各工序能耗情况

单位：千克标准煤/吨

企业	A	B	C	D	E	F	国家标准
焦化	104.5	84.93	—	—	—	—	127
烧结	45.1	44.5	49	52.6	41.3		47
球团	—	20	—	33.26		—	47
炼铁	417.2	386.7	382.9	404.6	353.2		400
转炉炼钢	−23.8	−13.7	−15.4	−5.72	−23.78		−25
电炉炼钢	—	—	—	56.6		152.4	90
轧材	32.4	37.87					
轧钢	—	—	38	125.1	39.9		

注：由于案例中并未标明各工序具体采用何种技术，因此在对标过程中，选取国标中宽松标准。标准参考《钢铁企业节能设计标准（征求意见稿）》（2017 年 2 月 24 日）。

表 5-10 为依据 6 家企业具体数据计算出的各企业各工序碳排放情况。由表 5-10 可知，焦化工序排放强度为 211.7~260.5 千克二氧化碳/吨，烧结工序排放强度为 103.0~122.2 千克二氧化碳/吨，球团工序排放强度为 49.9~82.9 千克二氧化碳/吨，炼铁工序排放强度为 880.5~1040.1 千克二氧化碳/吨，转炉炼钢工序排放强度为 −59.3~−14.3 千克二氧化碳/吨，电炉炼钢工序排放强度为 141.1~379.9 千克二氧化碳/吨，轧材工序排放强度为 80.8~94.4 千克二氧化碳/吨，轧钢工序排放强度为 94.7~311.9 千克二氧化碳/吨。炼铁是钢铁企业各工序中碳排放强度最高的，因此，降低钢铁企业碳排放，首先应重点控制炼铁工艺能效。转炉炼钢工艺由于能源回收

量较多,二氧化碳排放量为负,呈现碳汇效应。

表 5-10 炼钢各企业各工序碳排放情况

类别	企业	回收能源 (万吨标准煤)	二氧化碳排放强度 (千克二氧化碳/吨)	二氧化碳排放量 (万吨)
焦化	A	154.4	260.5	31.5
	B	612.6	211.7	97.7
烧结	A	5.0	112.4	122.7
	B	11.3	110.9	183.3
	C	-4.6	122.2	62.4
	D	0.2	131.1	46.9
	E	-50.4	103.0	150.1
球团	B	-1.0	49.9	16.0
	E	-1.5	82.9	31.4
炼铁	A	120.3	1040.1	830.6
	B	192.0	964.0	1013.7
	C	54.7	954.6	355.7
	D	-15.7	1008.7	375.8
	E	225.1	880.5	980.6
转炉炼钢	A	20.0	-59.3	-45.1
	B	19.6	-34.2	-37.0
	C	8.5	-38.4	-13.6
	D	2.9	-14.3	-3.2
	E	30.2	-59.3	-65.3
电炉炼钢	D	-0.5	141.1	1.5
	F	-66.5	379.9	184.6
轧材	A	-8.7	80.8	85.5
	B	-13.2	94.4	128.9
轧钢	C	-2.4	94.7	33.2
	D	-0.4	311.9	12.3
	E	-4.9	99.5	86.5

5.2 国外钢铁企业在节能减排方面的做法

5.2.1 欧盟、日本的相关做法

欧盟钢铁业为共同应对碳排放约束加强的压力，在 2003 年成立了欧洲钢铁技术平台（European Steel Technology Platform），成员包括欧洲主要的钢铁公司、相关供应商和行业协会，以及大学和科研机构、政府代表等。平台汇集各方力量，共同进行低碳技术创新，推进钢铁行业节能减排，10 多年来取得了有效的成绩。平台制定的主要产业计划包括：开发安全、清洁、低成本高效益以及低资本密集度的技术计划；合理使用能源、资源和废物管理计划；面向终端用户、具有吸引力的钢铁解决方案计划。平台组织各种低碳技术研发包括：减碳技术如高炉煤气循环利用技术；无碳技术如可再生能源替代技术、电解铁矿石技术；除碳技术如二氧化碳捕集和封存技术（CCS）等。

日本钢铁业早在 1996 年就制订了"自主行动计划"，推进行业减排应对气候变化，此后陆续制订各种减排计划。2014 年，日本钢铁联盟公布了日本钢铁业 2020—2030 年二氧化碳减排计划，计划 2020 年钢铁业排放量比 2005 年减少 200 万吨，2030 年排放量比 2050 年减少 900 万吨，并采取以下措施：

一是采取在煤中掺入 30% 矿粉的铁焦和焦炉煤气改质为纯氢后喷

入高炉作为还原剂的创新工艺技术，可在计划期内减排二氧化碳 260 万吨；

二是通过采取 SCOPE21（21 世纪高产无污染大型焦炉）炼焦技术在 2020 年以前减排二氧化碳 90 万吨，到 2030 年再减排 130 万吨；

三是通过高效发电在 2020 年以前减排二氧化碳 10 万吨，到 2030 年通过低温余热回收利用新技术再减排 160 万吨；

四是通过设备更新改造在 2020 年以前减排 100 万吨，到 2030 年再减排 150 万吨。

日本钢铁行业低碳计划的基本实施理念是 3 个 ECO，即降低钢铁生产过程中二氧化碳排放的"环保型生产工艺（Eco-process）"、节能技术向海外转让推广，促进全球范围的二氧化碳减排的"环保技术服务"（Eco-solution）、提供高性能钢材在钢材使用阶段实现节能的"环保型产品"（Eco-product）。

5.2.2　各国企业实践案例

5.2.2.1　安赛乐米塔尔

二氧化碳减排与监控。安赛乐米塔尔集团是全球产量排名第一的钢铁制造商，32 万员工遍布全球，集团在全球 27 个国家拥有分支机构。安赛乐米塔尔曾与国际钢协合作开展如何更有效地进行二氧化碳减排与监控的项目，该项目以衡量实时二氧化碳排放与二氧化碳的绩效分析的方式，可靠地对于实际减排量进行预估。目前，一套二氧化碳排放的内部监控系统与数据库已经应用于公司内部。

ULCOS 研发低碳技术。欧洲超低二氧化碳排放项目——ULCOS，是 2004 年欧洲钢铁技术平台为了研究低碳减排技术特意设立的。宗旨是为了降低欧盟整体吨钢碳排放，使其远低于目前最为先进的钢铁生产工艺的碳排放值。印度 Tata Steel、德国 Thyssen Krupp、意大利 Ilva、德国 Saarstahl、德国 Dillinger Hütte、奥地利 Voestalpine、瑞典 SSAB Swedish Steel Group、瑞典 LKAB 等为项目董事会成员，安塞乐米塔尔公司为项目董事会主席。ULCOS 研发低碳技术的核心是前文提到的三大技术——减碳、无碳、去碳技术。最典型的减碳技术即高炉煤气循环利用技术曾在安塞乐米塔尔一钢厂的高炉中尝试使用，高炉的吨铁二氧化碳排放量由 1.3t 降低至 0.94t，排放量下降了 28%。

5.2.2.2 日本钢铁工程控股公司 JFE

采用铁焦技术。为了使创新性的高炉原料"铁焦"项目投入实用化，从 2016 财年进入实证研究阶段。"铁焦"（Carbon Iron Composite，CIC）是指将低品位煤和铁矿石粉碎到规定粒度并按一定比例混合后，经热成型、干馏，使金属铁分散在焦炭中的高炉原料。由于可以提高金属铁在高炉中的还原反应速度，用于还原氧化铁的焦炭用量低于传统水平，因此可大幅降低二氧化碳排放并节约能源。同时，还可以扩大低品位铁矿石和弱黏结性煤的使用比例，从而降低原料成本。JFE 钢铁公司、新日铁住金、神户制钢日本三大钢铁企业在 JFE 钢铁公司西日本工厂福山地区建设了一座日产能为 300t 的实证设备，计划从 2018 财年开始生产。

实施 COURSE50 计划。COURSE50 是通过抑制二氧化碳排放及分离、回收二氧化碳，将二氧化碳排放量减少约 30% 的技术。2030 年将确立此项技术，2050 年实现应用及普及。目前，该项技术即将进入第二阶段的研发，在开发本技术过程中，建设了 $12m^3$ 的试验高炉，综合性地检验在第一阶段中获得的实验室研讨结果，确立将氢还原效果达到最大化的反应控制技术，为进入第二阶段积累知识经验；第二项重点研究内容是分离回收高炉二氧化碳技术。

制定国际二氧化碳排放标准。JFE 和日本铁钢联盟一起牵头制定了国际钢铁二氧化碳排放计算标准 ISO14404——钢铁生产中二氧化碳排放强度的计算方法系列标准。

开展 LCA 研究。JFE 钢铁及日本铁钢联盟正在与世界钢铁协会一起开展生命周期分析计算钢材料环境负荷全寿命周期的世界标准。LCA 分析表明，改变普通钢材到高强度钢材类汽车的寿命周期可以减少二氧化碳排放量。此外，钢材料的闭环回收可以通过在生命周期结束时回收和重用汽车、建筑物等来实现。

5.2.2.3 新日铁住金

环保型炼焦技术。新日铁住金在老化的焦炉中实现了一种新式煤配比技术即大量使用非黏结煤的条件下生产高质量焦炭。而且通过研究煤和废塑料混合时的炼焦情况及煤和废塑料中所含的氯在干馏过程中的变化行为开发了焦炉使用废塑料的技术。在此基础上，实现了采用焦炉化学原料法对普通废塑料进行资源再利用的技术。目前，新日铁住金焦炉每年使用废塑料的量约为 20 万吨。此外，作为减少炼铁二氧化碳排放的技术，开发了通过使用高强度、高反应性焦炭降低高炉燃料比的技术。

ESCAP（能源节约二氧化碳吸收工艺）。碳捕捉与碳封存技术是 2017 年以来许多国家钢铁工业共同研究的问题。对此新日铁住金作为日本领先钢铁企业，也相应开发了低能耗二氧化碳分离工艺——ESCAP。采用的吸收剂是新型胺液 RN，为新日铁住金与日本地球环境产业技术研究机构（RITE）、日本东京大学合作 COCS 项目时联合开发的，原料气为炼铁厂的高炉煤气，解吸热为炼铁厂内尚未利用的低品位余热。作为化学吸收法分离二氧化碳的工艺，ESCAP 工艺的优点是再生温度低，当再生温度为 95℃ 时，二氧化碳回收率可达到 90%，因此钢厂内 110℃ 以下的低品位蒸汽也可用于二氧化碳再生。

5.2.2.4 韩国浦项

环保炼铁工艺 FINEX。FINEX 是一种直接用粉矿和非炼焦煤粉冶炼铁水的新工艺，也是流化床工艺和 COREX 的熔融气化炉工艺，由浦项制铁与西门子奥钢联公司合作开发。FINEX 采用气基还原技术，以低成本的粉矿和煤粉为原燃料，通过多级流态化床反应器对粉矿进行直接还原，铁水质量与高炉铁水相差无几。因此，该工艺可以略去钢铁生产中的焦化、烧结、球团的相关工序，降低能源及相应原料的消耗，减少碳排放，FINEX 工艺相关设备的投入成本仅占同等规模高炉的 80%，生产耗费资本也低于高炉。

PS-BOP。PS-BOP 为浦项开发的新型转炉，在炼钢工艺中将废钢、直接还原铁、废钢投入炉中，通过底部注氧及煤炭和顶部吹入热空气，PS-BOP 能够使废钢和 DRI 的装料达到 50%。可以利用顶部的热空气加强转炉中一氧化碳的二次燃烧，从而充分利用废钢资源。为了进一步降低铁水比，将从转炉底部注入煤炭。通过混合使用 50% 的铁水和 50% 的废钢，PS-BOP 能够将二氧化碳排放量减少 45%。

环保型新产品研发及新能源利用。减轻汽车重量是提高燃油效率及减排二氧化碳最有效的途径之一，通常汽车总重量减轻 10% 将会使二氧化碳排放量减少 5%~8%。浦项钢铁优先发展拥有高附加值的产品，例如高级别电工钢、超轻型高强度汽车用钢，且高附加值产品的比例在 60% 以上。浦项钢铁公司也致力于重点开发能大量使用高纯度氢气作为还原剂的全氢高炉炼铁技术。

浦项旗下的研发机构 RIST 主要研究氨水吸收、分离高炉副产煤气中的二氧化碳，变压吸附分离副产煤气中一氧化碳和二氧化碳，炉渣显热回收，中低温余热发电，氢气还原炼铁，将熔融盐作为热传导媒介回收余热等前沿技术。

5.2.2.5　韩国现代制铁和东国制钢

现代制铁已经构建了完备的能源经营系统和气候变化应对体系，其节能减排成果已经获得了国际权威机构的认可及认证，通过开展热配送业务，实现与地区的协同发展。东国制钢引进了环保型高效电弧炉Eco-Arc电炉，减少粉尘、噪声和有害物质的排放；通过设备产线改造，利用间接热装轧制工艺生产长材，可达到温室气体减排的效果。

5.3　减排技术的潜力与成本

依靠科技创新和技术进步，提升技术水平，是我国钢铁工业节能减排工作的关键。工信部发布的《钢铁工业调整升级规划（2016—2020年)》根据技术成熟度不同，列出了钢铁行业的节能减排技术发展重点（表5-12）。

表 5-12　钢铁行业节能减排技术发展重点

1. 全面推广的节能减排技术
烧结系统高效除尘，出铁场无组织烟气综合治理，转炉煤气干法（半干法）除尘或新型湿法除尘，转炉（电炉）二次、三次除尘、烧结矿余热回收、能源管控中心、钢渣高效处理及深度综合利用、综合污水再生回用等。
2. 重点推广的节能减排技术
原料场棚化、仓化，烧结烟气循环，烧结烟气多种污染物协同治理，高温高压干熄焦，超高压煤气锅炉发电，中低温烟气余热回收与利用，能源优化调控技术，城市中水再生回用，含铁含锌尘泥综合利用等。
3. 示范推广的节能减排技术
焦炉烟道气脱硫脱硝，烧结、电炉二噁英防治技术，焦化（冷轧）废水处理回用与"零排放"，竖炉式烧结矿显热回收利用技术，浓盐水的减量处理与消纳，焦炉煤气初冷系统余热高效利用，可再生能源和清洁能源利用等。
4. 前沿储备的节能减排技术
炉渣余热回收和资源化利用，复合铁焦新技术，钢铁厂物质流、能源流和信息流（大数据）协同优化技术，二氧化碳捕集、利用和储存技术等。

除上述工信部给出的钢铁行业节能减排技术发展重点外，目前国内外对钢铁行业的关键减排技术选择、潜力、成本与效益等也有很多研

究，由于边界条件、参数选取、计算方法等的不同，得出的结论有差异性。表 5-13 给出了一种识别的关键减排技术及其特征。[①] 这里涉及到的节能量、减排量等具体数值，仅供参考。

表 5-13　钢铁行业关键减排技术及其特征

序号	技术名称	技术特征
1	全氧高炉炼铁技术	炼铁工序碳耗下降 25%，煤比>200 千克/吨铁，焦比<220 千克/吨铁，高炉生产效率提高≥30%，二氧化碳减排 10%~25%，直接经济效益实现吨铁生产成本降低 70 元以上，目前处于小规模工程示范阶段
2	高炉富氧喷注高炉煤气技术	焦炉煤气喷注量>100 立方米/吨铁，置换比≥0.45 千克（焦炭）/立方米（焦炉煤气），燃料比降低 10%，二氧化碳减排 10%~20%，高炉生产效率提高 10%，目前处于研发试验阶段
3	新一代 TMCP（控轧控冷）技术	节约钢材使用量 5%~10%，提高生产效率 35%以上，节能 10%~15%，目前处于研发试验阶段
4	非高炉炼铁技术	气基工艺的产量约占世界总产量的 80%，煤基直接还原仅占 20%。该技术是 21 世纪全世界钢铁界的前沿技术，存在较多技术难题
5	Tecnored 炼铁工艺技术	该工艺利用了含碳和铁的废料，并且不使用焦炭或烧结矿，因而无须焦炉和烧结厂。巴西圣保罗建造了 Tecnored 工业示范厂，设计能力为 250 吨/天，对中国存在一定参考意义
6	SCOPE21 炼焦技术	低品位原料煤的配比可增加至 50%，大幅度缩短炼焦时间，干馏炉产生的氮氧化物（NO_x）锐减 30%，百万吨规模的焦炉二氧化碳排放与传统焦炉相比削减量达到约 40 万吨。2008 年新日铁公司 Ohita 厂 5 号焦炉作为 SCOPE21 的首台设备正式投产，代表 21 世纪高产无污染大型焦炉技术，有待向其他国家推广
7	特大型高炉技术	集成其他配套节能设备后，吨铁能耗比国内同类装备降低约 40%，烟尘、粉尘排放量可减少约 15%，具有一定特殊性，对是否应在全国大范围内推广尚存在一定的争议

---

① 戴彦德，胡秀莲，等．中国二氧化碳减排技术潜力和成本研究［M］．北京：中国环境出版社，2013.

序号	技术名称	技术特征
8	干熄焦技术	回收 80% 的红焦显热，平均每熄 1 吨焦炭可回收 3.9 兆帕、450℃ 的蒸汽 0.45~0.6 吨，降低炼焦能耗约 40 千克标准煤/吨，减少二氧化碳排放量 94 千克/吨焦，属于重点推广技术
9	高炉余压发电技术	按吨铁发电 30 千瓦时计算，折合节约标准煤 10.2 千克，相当于减少二氧化碳排放约 24 千克，属于重点推广（改造）技术
10	煤调湿技术	每生产 1 吨焦炭可减少二氧化碳排放量约 0.1 吨，属于重点推广技术
11	锅炉全部燃烧高炉煤气技术	1 吨铁可节约二氧化碳排放量 0.348 吨，属于重点推广技术
12	转炉煤气回收利用技术	吨钢煤气回收量可达 80 立方米，除去自耗电 6.2 千瓦时/吨，可降低吨钢能耗约 14.4 千克标准煤，属于重点推广技术
13	烧结余热回收技术	每吨烧结矿可回收余热蒸汽 80~100 千克，如回收后的蒸汽用于发电，可回收电 10 千瓦时/吨，属于重点推广技术
14	转炉低压饱和蒸汽发电技术	吨钢发电近 15 千瓦时，折合节能 5.1 千克标准煤，属于重点推广技术
15	双预热蓄热式轧钢加热炉技术	热效率提高约 30%，普通加热炉吨钢能耗 34.6 千克标准煤/吨，节能 10.4 千克标准煤/吨，属于重点推广技术
16	转炉负能炼钢工艺技术	煤气平均回收量达到 90 立方米/吨钢；蒸汽平均回收量达 80 千克/吨钢，吨钢产品可节能 23.6 千克标准煤，属于重点推广技术
17	高效连铸技术	主要包括接近凝固温度的浇铸、中间包整体优化、二冷水动态控制、铸坯变形的优质化、引锭、电磁连铸六方面的技术和装备，属于重点推广技术
18	电炉烟气余热回收利用技术	吨钢可回收蒸汽 140~200 千克，吨钢节能 11.8 千克标准煤，属于重点推广技术
19	高炉喷煤综合技术	喷煤的制粉和喷吹所需的能耗在 20~35 千克标准煤/吨。高炉每喷吹 1 吨煤粉，就可以产生炼铁系统用能结构节约 100 千克标准煤/吨的效果，属于重点推广技术

序号	技术名称	技术特征
20	低热值伴生气联合循环发电技术	吨铁平均产生高炉煤气量达 2100 立方米，高炉煤气热值约 3100 千焦/立方米，即每吨铁产生高炉煤气热值为 6510 兆焦，利用高炉煤气进行伴生气联合循环发电时，焦炉煤气的配比约为 15%，焦炉煤气热值约 17000 千焦/立方米，属于重点推广技术
21	能源管理中心	可实现全企业节能 1%～5%的效果，属于重点推广技术

表 5-14 给出了另一种相对简化的减排技术列表①。

表 5-14 以二次能源利用为主的低碳技术的二氧化碳减排潜力

序号	节能技术	节能效果	二氧化碳减排量（千克）	2015 年技术普及率（%）
1	CDQ	平均每熄 1 吨焦炭可回收 4.5 兆帕、450℃（或 9.8 兆帕、540℃）的蒸汽 0.50 吨左右	（生产 1 吨焦炭）约 105	70.0
2	TRT	每吨铁可发电约 30 千瓦时，最高可回收电力约 54 千瓦时	（生产 1 吨铁）约 30	90.0
3	转炉煤气回收技术	若生产 1 吨粗钢的煤气回收量达到 80 标准立方米，可降低能耗约 23 千克标准煤	（生产 1 吨粗钢）约 0.825	66.7
4	蓄热式轧钢加热炉技术	生产 1 吨粗钢可降低工序能耗约 18 千克标准煤	（生产 1 吨粗钢）约 50	40.0
5	铸坯热送热装技术	相对冷装，当热装温度高于 600℃时，生产 1 吨粗钢可节约 12 千克标准煤左右	（生产 1 吨粗钢）约 36	60.0
6	能源管理中心	可实现全企业节能 3%，折合为每生产 1 吨粗钢节能 22 千克标准煤左右	（生产 1 吨粗钢）约 62	30.0

---

① 马丁，陈文颖. 中国钢铁行业技术减排的协同效益分析[J]. 中国环境科学，2015，35（1）：298-303.

续表

序号	节能技术	节能效果	二氧化碳减排量（千克）	2015年技术普及率（%）
7	CMC（煤调湿）	如果把装炉煤水分从11%降至6%，则生产1吨焦炭可节约14千克标准煤左右	（生产1吨焦炭）约48	20.0
8	烧结矿显热回收	生产1吨烧结矿可回收余热蒸汽约100千克	（生产1吨烧结矿）约10	30.0
9	转炉低压饱和蒸汽发电	生产1粗钢可回收电力近15千瓦时	（生产1吨粗钢）约14	15.0

IPCC在其评估报告的结论中显示了估算碳减排潜力和成本的复杂性。报告指出：对减缓成本和潜力的估算取决于有关未来社会经济增长、技术变化和消费模式的假设，特别是对有关技术推广的驱动因素、长期的技术性能和成本变化的假设等，这些都会对估算过程和结果产生影响并导致一定的不确定性。此外，若将行为和生活方式转变的影响纳入分析过程，则估算将更加困难。

在讨论实施减排措施，从而削减温室气体排放所带来的经济成本和效益时，由于成本核算对象不同，所采用的参数和计算方法也不同。如果以单个钢铁生产企业为对象，一般只需要考虑进行某项技术改进所需要的投资成本和回报周期以及可以带来的经济效益、温室气体减排效益及其他环境效益等。而如果从区域或整个行业的角度考虑，则需要考虑技术可达率、技术普及率、贴现率等参数，进行全行业的减排成本评估。对于企业来说，对行业减排成本的讨论有助于其从宏观层面把握技术走向，从而将自身发展与行业发展趋势有效结合。

（1）企业投资成本及回收期。

企业在选择某项措施进行节能减排改造时，所需要的投资成本、回报周期和可能产生的效益，一般可以参照国家相关指导文件（如《国家重点节能技术推广目录》），以及其他企业的投资案例等。也有一些研究通过调查给出了当期的一些技术的投资成本[①]。本书限于篇幅，不再一一列出相关数据。

（2）行业减排潜力及成本。

从全行业的角度给出减排潜力和成本，需要一套有效的计算方法。目前的研究基于不同的标准、边界条件、参数选择等，已经给出了许多计算方法，其中包括增量分析法[②]，其计算公式如下：

$$TC = P \cdot TA \cdot (100\% - k\%) \left[\frac{I \cdot r}{(1 - (1 + r)^{-n})} + \Delta OM \right]$$

式中：

TC 代表增量成本；P 代表流程产量；TA 代表技术可达率；k 代表技术的基年普及率；I 代表单位投资成本；ΔOM 代表增加的单位运营维护成本；r 代表贴现率；n 代表技术寿命。

表5-15给出了一种钢铁行业关键减排技术的减排潜力和单位减排成本。当成本值为负时，表明该项投资具有正收益。

---

① 戴彦德，胡秀莲，等. 中国二氧化碳减排技术潜力和成本研究［M］. 北京：中国环境出版社，2013.

② 马丁，陈文颖. 中国钢铁行业技术减排的协同效益分析［J］. 中国环境科学，2015，35（1）：298-303.

表 5-15　钢铁行业关键减排技术的典型案例技术的潜力和分析

减排技术	减排潜力 （万吨二氧化碳）			单位减排成本 ［元/（吨二氧化碳·年）］		
	2010 年	2015 年	2020 年	2010 年	2015 年	2020 年
干熄焦技术	662	1112	1504	-529	-707	-946
高炉余热发电技术	216	459	576	-417	-558	-747
煤调湿技术	1252	1690	1920	-322	-431	-577
锅炉全部燃烧高炉煤气技术	3925	5550	6264	-606	-811	-1086
转炉煤气回收利用技术	479	759	918	-359	-480	-643
烧结余热回收技术	163	585	936	-381	-509	-682
转炉低压饱和蒸汽发电技术	33	191	288	-508	-680	-910
双预热蓄热式轧钢加热技术	75	180	288	-142	-189	-254
转炉负能炼钢工艺技术	465	1436	1650	-336	-440	-602
电炉烟气余热回收利用技术	18	95	280	-255	-342	-460
高炉喷煤综合技术	248	421	528	-344	-461	-616
低热值伴生气联合循环发电技术	5448	10272	11592	-238	-318	-425
能源管理中心	395	1260	2016	-413	-552	-740
合计	13379	24010	28760	—	—	—

节能减排措施在减排二氧化碳的同时，对其他大气污染物也有减排效果，这被称为"协同效益"。将"协同效益"纳入评估范围并进行定量分析，可以凸显技术措施在节能之外的好处，表 5-16 给出了考虑节能效益和协同效益的我国钢铁行业的单位减排成本[①]。

表 5-16　考虑节能收益和协同效益的我国钢铁行业单位减排成本

技术编号	技术名称	减排成本 （元/吨二氧化碳）		
		普通减排成本	考虑节能收益	考虑协同效益
1	煤调湿技术	1617	1218	1088
2	干熄焦技术	1849	866	773

① 马丁，陈文颖．中国钢铁行业技术减排的协同效益分析［J］．中国环境科学，2015，35（1）：298-303．

技术编号	技术名称	减排成本（元/吨二氧化碳）		
		普通减排成本	考虑节能收益	考虑协同效益
3	烧结余热发电	114	−869	−962
4	环冷机液密封	1052	69	24
5	链箅机—回转窑球团生产	1761	1361	1232
6	废热循环利用	426	26	−103
7	高炉顶压发电	170	−813	−907
8	回收高炉煤气	165	−234	−364
9	高炉鼓风除湿	402	2	−127
10	旋切式高风温顶燃热风炉	1797	1397	1268
11	喷吹煤粉技术	886	487	357
12	燃气蒸汽联合循环	414	14	−115
13	回收转炉煤气	1413	429	336
14	电炉余热回收	204	−196	−325
15	高效连铸技术	73	−681	−789
16	蓄热式燃烧器	65	−918	−1011
17	热轧过程控制	70	−330	−459
18	强化辐射节能	38	−361	−491
19	热轧余热回收	2288	1888	1759
20	冷轧余热回收（回收利用冷轧过程的余热）	213	−236	−362
21	棒材多线切分与控轧控冷	159	−240	−370
22	连续退火技术	558	158	29

5.4　钢铁行业碳捕集与封存的前景

多年来，钢铁行业在降低能源消费和减少二氧化碳排放方面做出了巨大的努力，如提高能效、减少焦炭和煤炭消费、使用副产品燃料、增加生物质和可再生能源使用以及其他技术等。现在每生产一吨钢所消耗的能源只有 20 世纪 70 年代的一半，但是，使用这些方法降低碳排放始终受到设备技术发展水平的限制。实现进一步比较有效的碳排放的削减，需要依靠碳捕集与封存（Carbon Capture and Storage，CCS）技术的发展与应用。

尽管捕集二氧化碳已经有了商业上的应用（如南非的 Saldanha 工厂和一些 DRI 设备），但是捕集后没有进一步的措施。如果将这些二氧化碳储存起来，可以降低碳排放。目前来看，地下储存二氧化碳没有重大的技术问题。例如，在美国 North Dakota 的 Great Plains Synfuels 工厂，捕集后的二氧化碳通过管道运输到加拿大 Saskatchewan 的 Weyburn 油田，以帮助提高石油采收率。总体来说，在 CCS 得到商业化普及应用之前，有一系列问题需要解决，包括监测和批准，经济、规则和法律问题，公众接受度等。必须安装监控测量系统，以便逃逸的二氧化碳能够被发现，并且堵住泄漏源头。

5.4.1 碳捕集与封存的技术

碳捕集技术产生高浓度的二氧化碳，以便进一步压缩、运输和储存。钢铁生产过程中，二氧化碳的捕捉机会根据流程和进料而发生变化。集成钢铁厂中直接的含二氧化碳的排放源包括来自石灰窑、烧结设备、焦炉、热风炉、高炉和转炉的尾气；而电弧炉的尾气是迷你冶炼厂的主要二氧化碳排放源。表 5-17 是这些气流的特性和构成。能够潜在用于捕捉二氧化碳的技术一般归类为发电厂后置燃烧捕捉技术。

进入钢铁生产程序的约 85% 的碳（二氧化碳加一氧化碳）同时在三种气流中呈现出来（高炉气 70%、焦炉气 9%、转炉气 7%）。这些气流一般作为低等级燃料使用，在这些气流燃烧之前进行碳的回收（二氧化碳捕捉）是比较好的，因为燃烧气中的氮气会降低二氧化碳的浓度。进一步来说，燃烧时会导致二氧化碳的释放，使二氧化碳分散在冶炼厂的许多点，而不像原来那样集中于几股气流，这样不利于捕捉。但是，如果在这些气流燃烧前捕捉二氧化碳，其组成、特性和数量都会发生改变，这会影响到它们的使用，还可能需要改变钢铁生产工艺。从高炉气中收集二氧化碳是有好处的，可以提升高炉气的质量，使高炉气可以直接用于汽轮机，而不需要掺杂其他高能气体（如天然气和焦炉气）。从废气中捕捉二氧化碳一般不需要钢铁生产工艺的基础性改变。

表 5-17　一个典型钢铁厂的各生产环节尾气气流成分

环节	集成钢铁厂							迷你厂
	发电尾气	石灰窑尾气	烧结尾气	焦炉尾气	热风炉尾气	转炉尾气	高炉气	电弧炉尾气
二氧化碳（兆吨/年）	3.69	0.05	1.67	1.73	1.94	0.28	2.61	0.11
气流量（立方米/秒）	400	16	337	132	14	194	240	6
压力（千帕）	101.3	101.3	101.3	101.3	101.3	101.3	101.3	101.3

续表

环节	集成钢铁厂							迷你厂
	发电尾气	石灰窑尾气	烧结尾气	焦炉尾气	热风炉尾气	转炉尾气	高炉气	电弧炉尾气
温度（摄氏度）	300	300	100	100	300	300	373	300
组成（%）								
氮气	68	70	70	67	68	13	50	56
水蒸气	8	21	21	5	10	2	5	1
二氧化碳	23	7	8	27	21	15	22	40
一氧化碳	—	—	1	—	—	70	20	—
氧气	1	2	—	1	1	—	—	3
氢气	—	—	—	—	—	—	5	—

由于高炉气是最大的碳源，CCS 技术开发的大部分尝试集中于高炉 CCS，如去除二氧化碳后的顶层气循环（Top Gas Recycling，TGR）。在高炉运行中用纯氧代替空气助燃，能够避免 TGR 过程中的氮气堆集，使得二氧化碳捕捉更容易完成。这种注入纯氧的技术称为富氧燃烧技术。二氧化碳捕捉在直接还原铁（Direct Reduced Iron，DRI）中已经广泛应用了，因为它可以提高燃料气质量。这项工艺的二氧化碳移除成本仅仅是二氧化碳的压缩和储存成本。

一般来说，二氧化碳捕集技术可以分为以下几种：

（1）化学或物理吸收，或者化学物理混合吸收，例如胺液系统；

（2）吸附剂吸附，例如变压吸附（Pressure Swing Adsorption，PSA）、真空变压吸附（Vacuum Pressure Swing Adsorption，VPSA）、变温吸附（Temperature Swing Adsorption，TSA）、变电压吸附（Electric Swing Adsorption，ESA）等；

（3）通过膜或分子筛物理筛选；

（4）通过低温或者水合物完成相位分离；

（5）通过金属碳化而化学固定。

5.4.2 碳捕集与封存的成本

钢铁生产设备构造的复杂性是钢铁作业碳捕集面临的一大挑战，二氧化碳分布在很大一片区域的许多点源。捕捉二氧化碳有两种选择。第一种，分别收集每个排放点源的气流，然后集中到一起以便运输。第二种，二氧化碳可以被传输到一个相对中心的位置。第一种办法的困难在于，每个捕捉设备是否有足够合适的空间，以及是否能够为每个捕捉设备提供足够的能源；第二种办法的困难在于，从每个单独的排放源安装又长又粗的输送管到中心点可能很困难造价也会比较高。有研究建议采取一个折中的办法：安装一个化学吸收系统，每个点源安装一个溶剂吸收装置，然后再安装一个集中式溶剂再生装置。这个办法面临着化学处理和安全性的挑战。目前看起来，CCS 可能首先被安装在大型的点源，如高炉和热炉，然后逐渐向小的点源发展。从理论上来说，把 CCS 应用到所有尾气上是可行的，这样可以实现二氧化碳的近零排放。对于迷你型冶炼厂，CCS 将首先应用在电弧炉上。

上文中提到的二氧化碳捕集技术都有它们的最适合应用领域和各自的优劣势。化学吸收适用于低二氧化碳浓度的气流，而物理吸收、PSA、VPSA、膜和低温更适用于高浓度二氧化碳的气流。表 5-18 比较了钢铁工业中几种成熟的二氧化碳捕集技术。输入气体（高炉循环煤气）构成假设为 45% 的一氧化碳、37% 的二氧化碳、10% 的氮气、8% 的氢气，且气流干燥。尽管 PSA 和 VPSA 有着最低的能耗，但是其捕集来的二氧化碳富集气的纯度还不够，不能够储存，因此需要安装一个低温冷冻装置。总体来说，这套装置总能耗仍然低于一套胺液系统。就技术性能和成本来说，带有低温装置的 TGR-BF、PSA 和 VSPA 系统的组合是最好的。但是，在日本的 COURSE50 计划中，选择了胺液系统来处理高炉气。目前研究和技术进步有望降低工艺能源需求和有效利用余热。

表 5-18　钢铁工业中几种二氧化碳捕集技术比较

气体类别	PSA	VPSA	VPSA+压缩和低温闪光	胺液+压缩	PSA+低温净化+压缩
循环气（%）					
一氧化碳产出	88	90.4	97.3	99.9	100
一氧化碳	71.4	68.2	68.9	67.8	69.5
二氧化碳	2.7	3	3	2.9	2.7
氮气	13.5	15.7	15.6	15.1	15.4
氢气	12.4	13	12.6	12.1	12.4
水蒸气	0	0	0	2.1	0
二氧化碳富集气（%）					
一氧化碳	12.1	10.7	3.3	0	0
二氧化碳	79.7	87.2	96.3	100	100
氮气	5.6	1.6	0.3	0	0
氢气	2.5	0.6	0.1	0	0
适合储运	否	否	是	是	是
CCS 程序					
电耗（千瓦时/吨二氧化碳）	100	105	292	170	310
捕捉（千瓦时/吨二氧化碳）	100	105	160	55	195
压缩（千瓦时/吨二氧化碳）	—	—	132	115	115
低压蒸汽消耗（吉焦/吨二氧化碳）	0	0	0	3.2	0
总能耗（吉焦/吨二氧化碳）	0.36	0.38	1.05	3.81	1.12

对于一些二氧化碳捕集技术来说，高能耗和需要用蒸汽时产生的高消耗都是缺点。如果一项 CCS 技术需要蒸汽而又没有额外的蒸汽生产能力，就需要安装一个新的蒸汽机，这也是一项成本。

由于缺乏实际运行的经验，CCS 的成本计算是一个复杂的问题，边界系统、燃料价格、资金成本预期、利率和经济周期还有其他因素都会对经济成本产生很大影响。此外，CCS 成本还受钢铁厂地点的影响，因为每个国家钢铁厂所在地的能源和材料价格、电网二氧化碳排放因子和利率可能都不相同。研究者 Kuramochi 对各种碳捕集技术成本做了一个标准化的处理分析，以二氧化碳压缩到 11 兆帕为准，结果见表 5-19。其中，资金成本折算系数为 0.85，欧元基准年为 2007 年。由表 5-19 可知，从 Corex 流程气中捕集的二氧化碳有着最低的资金成本。

表 5-19　二氧化碳捕集技术的能耗及成本

二氧化碳捕集技术	能耗（吉焦/吨二氧化碳）		资金成本
	蒸汽	电力	[欧元/(吨二氧化碳·年)]
鼓风高炉			
化学吸收			
单乙醇胺（MEA）	3.20~4.40	0.51~0.55	70~90
空间位阻胺（KS-1）	3.00	0.50~0.51	60~70
其他胺液	2.50~4.70	0.35~0.51	70~80
高级溶剂	2.20~2.50	0.50	70
物理吸收	—	0.77	180
转换+Selexol	0.50~0.62	0.63~0.91（或1.36）	20~190
碳膜		0.69~0.89	80
水合物结晶	—	4.70	220
TGR-BF			
MEA	3.30	0.62	60
VPSA	—	0.94	50
物理吸收	0.21	0.93	60
碳膜	—	0.79~0.88	60~90
水合物结晶	—	1.50	70
Corex			
MEA	4.40	0.45	40
物理吸收	—	0.97	40
转换+Selexol	0.63	0.60（或0.83）	20~110

高炉气的二氧化碳捕集成本估计为 20~25 欧元/tCO_2，高炉产能的

变化可能对此造成影响，应避免将没有能够捕集到的排放也考虑在内。改进旧设备的边际投资本高于新建设备。从短期和中期（5~15年）来看，一个TGR-BF设备资金成本可以达到40~65欧元/tCO$_2$，减排率为0.7~0.8欧元/tCO$_2$/tHRC，或者等同于40%~45%的总碳输入。如果针对现存的高炉进行专门的技术改造，成本会更高。这项技术的成本的不确定性很大（带有VPSA的吨二氧化碳捕集成本为25欧元/t），因为移除二氧化碳和生产氧气（O$_2$）需要消耗大量额外电力，而且高炉气输出的减少使得这项技术对能源价格很敏感。传统高炉附加二氧化碳捕集设备情况与此类似，但是二氧化碳减排率可能低一些，为0.3~0.4tCO$_2$/tHRC。

澳大利亚的一个集成钢铁厂，在二氧化碳排放点源利用MEA溶剂吸收二氧化碳，捕集成本（以2008年澳元计算）从77澳元到超过600澳元/tCO$_2$。成本低于100澳元/tCO$_2$的直接排放点源包括电力设备、焦炉、热风炉和烧结尾气。对于一个5兆吨的钢铁厂，这四个点是最有可能安装二氧化碳捕集设备的，可以实现二氧化碳减排超过7.5兆吨/年。处理高炉气的成本估计为71澳元/tCO$_2$，和电力设备类似。因而，对于现存冶炼厂，从电力设备尾气中捕集二氧化碳比从高炉气中捕集更加理想。高炉气一般作为低等级燃料使用，但是从高炉中捕集二氧化碳会改变剩余高炉气的特性。一个微型电弧炉每年减排的成本可能高于250澳元/tCO$_2$。基于现有技术，碳价至少要达到65澳元/tCO$_2$，对于碳捕集技术在经济上才是具有吸引力的。

从熔融还原工艺尾气中捕集二氧化碳比从空气鼓吹的高炉气中捕集更加成本有效，因为前者二氧化碳浓度更高。从短中期来看，Corex工艺的二氧化碳减排成本为25~55欧元/tCO$_2$，减排率为0.7~2 tCO$_2$/tHRC。影响成本的因素还包括去除富余碳的变换反应器的增加。有研究认为，在限制碳排放成为趋势的今天，新建设备时，带有二氧化碳捕集功能的熔融还原技术比传统高炉工艺更有竞争力，因为二者可以达到相近的钢铁生产成本，而熔融还原能削减大量二氧化碳排放。尽管传统的使用高炉生产钢铁的技术仍将在长期内主导市场，但削减二氧化碳的需求可能引导行业朝先进的熔融还原技术转变。

气基 DRI 生产的 CCS 成本相对较低，低于 25 美元/tCO_2，但是，DRI 设备集中于少数一些国家，并且规模相对较小。因此，这些工艺目前受到的关注有限。根据 IEA 的估计，随着 DRI 生产在中东和其他地方快速普及，潜在的二氧化碳捕集到 2050 年可以达到 400 兆吨/年。

应当注意到，目前的成本估计数据一般来自发达国家，而新兴经济体的设备成本和劳动力成本相对较低，这些数据可能并不适用。从这一点讲，相对较低的二氧化碳捕集成本可能导致钢铁厂从工业化国家转移到新兴经济体。

目前基于煤炭的钢铁生产程序的二氧化碳捕集是比较贵的，可能限制 CCS 的商业化应用，同时，政府政策对于碳排放价格的设置也可能影响其商业可行性。欧盟的 ETS 系统的建立和辖区内减排目标的设立，可能为 CCS 和二氧化碳削减实施提供经济刺激，而且，更大型的示范工程（如 Florange 工程）在未来可能促使成本降低。可以预见，当所有的技术、财政和成本障碍都被克服以后，钢铁行业的 CCS 应用是可以实现的。

第6章

钢铁行业温室气体减排政策建议

钢铁生产过程本身就是一个复杂的、系统性的、流程性的过程，而钢铁生产企业又因生产技术差异、生产工艺和装备水平不同、成本差异、规模不同等面临着不同的情况。钢铁企业需要结合自身情况，认真进行对比，在减排有效性、技术可行性和经济合理性之间找到最佳结合点，识别自身的减排机会，按照难易程度列出减排优先顺序。一般来说，统筹优化生产流程、高效利用各类原材料、改进生产工艺、重视节约能源与提高能效、优化产品结构、提高产品质量、重视技术进步和升级、推进企业能源管理现代化等都有助于钢铁生产企业降低能源和物质消耗，从而减少温室气体排放。本书附录 B 中列出了美国钢铁企业能效提升和温室气体减排适用技术，这对我国钢铁企业节约能源、提高能效、减少温室气体排放也具有非常实用的参考对照价值。

　　目前，我国钢铁行业仍然面临着很多问题。从创新角度来看，我国钢铁行业自主创新投入长期不足，企业研发投入占主营业务收入比重仅为 1% 左右，在 2015 年底没有达到"十二五"规划中"1.5% 以上"的目标，远低于发达国家 2.5% 以上的水平，创新引领发展能力不强，尚未改变消化吸收、模仿创新的老模式。从节能减排角度来看，我国钢铁行业装备水平参差不齐，节能环保投入历史欠账较多，不少企业还没有做到污染物全面稳定达标排放，节能环保设施有待进一步升级改造。吨钢能源消耗、污染物排放量虽逐年下降，但抵消不了因钢铁巨大产量产生的能源消耗和污染物总量，特别是京津冀、长三角等钢铁产能集聚区，环境承载能力已达到极限，绿色可持续发展刻不容缓。从经营管理来看，我国钢铁企业良莠不齐，违反环保、质量、安全、土地法规增加产能的行为仍然存在。

我国各钢铁企业差异很大，给出一套适用于每个企业的节能改进和温室气体减排办法是不现实的。本章从流程、原料、工艺、用能、技术、管理等角度，讨论其基本原理和未来发展趋势，以期有助于钢铁企业识别存在的优化生产经营的机会，走上高效、节能、智慧和绿色的发展道路。

6.1　优化生产流程

近年来，随着各种节能减排技术在钢铁行业的推广和应用，我国钢铁企业的能源利用效率不断提高，达到甚至超过了国外先进水平。就技术水平角度而言，钢铁企业各主要生产工序和环节的单项节能技术的节能潜力已经得到了很大程度的挖掘，正在朝着更深的方向发展。但是，从系统性的角度来看，钢铁企业还应该统观整个流程和布局，对照国内外先进做法进行优化，提高能效。

6.1.1　钢铁生产流程的物理原理[①]

钢铁生产流程是一种工厂层级上的制造过程，其时空尺度比单元操作、单元工序层次上的过程的时空尺度要大得多。钢铁生产流程具有多工序串联、集成运行，输入/输出的资源/能源密集，资金密集，生产过程中伴随大量的物质/能量排放等特点。生产流程的整体优化对于钢铁企业提高效率、增加收益具有显著的意义。

----

① 殷瑞钰. 关于钢铁制造流程优化与产品优化问题的讨论. 轧钢，2004. 4.

一般来说，流程运行过程中有 3 个要素："流""流程网络""程序"。具体在钢铁冶金制造（生产）流程中，这些要素的含义是：

"流"泛指在开放的流程系统中运行着的各种形式"资源"（或"事件"）。对冶金流而言，"流"是一类多因子（多维）"流"，包括化学组分因子，物理相态因子，几何形状因子，表面性状因子，温度（能量）因子和时间、时序因子。这种多因子"流"在生产工艺流程中表现为运行、调控过程的"多维"性，而"多维"性体现在流程运行过程中物质状态转变、物质性质控制和与之相关的物质流管制过程的"物质流"—"能量流"—"信息流"复合成制造（生产）流程中的物质流中；从调控角度上看，多"维性"则体现在制造（生产）流程运行调控过程中的基本参数（物质量、温度、时间）—派生参数（产量、质量、成本）上。

"流程网络"是将开放系统中的"资源流""结点"和"连结器"整合在一起的物质—能量—时间—空间结构。这个结构要求有静态的合理性，特别是体现空间结构（如结点数、连结方式、总平面布置等）；更重要的是，这一结构要求在动态运行过程中体现出动态有序性、可连续性和紧凑性。此处所谓的"资源流"包括输入的原料流、能源流等，也包括运行过程中的物质流、能量流和相应的信息流，以及输出的产品流、副产品流和各类排放流等。所谓的"结点"则包括流程网络中的各类功能不同的工序、装置，如高炉、转炉等。而"连结器"则是指结点与结点的连结手段、方式、装置等，如管道、辊道、铁路、吊车、各类车辆、钢水包、铁水包等。因此，也可以将"流程网络"看成是"结点""连结器"优化配置"资源流"运行的时—空边界。

"程序"可以简单看成是各种形式的"序"和规则、策略、途径的集合。"序"包括无序和有序，也包括对某一因子的次第排列，其中，有序的形式又包括功能序、空间序、时间序以及时空序等。而"规则"则来自不同的要求、不同的外部条件以及流程自身的整体功能，例如，运行连续化、紧凑化等就是规则的主要体现。"序"和规则、策略等的结合就反映出制造流程中多维物质流的总体调控策略和具体运行途径。因此，钢铁生产流程的物理本质就是一种多因子（多维）"流"在一个由不同性质的工序（节点）及工序（节点）之间连结器（如铁路、辊道、管道、钢包、铁水罐、吊车等）组成的复杂网络结构（流程网络框架）中，按一定的"程序"动态有序地通过，同时实现某些目标群。从某种意义上讲，钢铁生产流程也是过程的复杂性和时间这两个因素在流程系统中演化的不可逆过程，追求的是一种动态有序的、连续的、紧凑的运行方式，也就是物质流在能量流的驱动和信息流的控制下，追求过程耗散最小化（包括物质流耗散最小化、能量流耗散最小化、过程所用时间最小化和过程所占空间最小化），进而促进各项技术经济指标多目标优化，使钢厂顺利地融入循环经济社会。钢铁工业的技术发展过程，实际是工序装置功能优化的进化过程，工序装置之间相互关系的演化过程以及由此引发的流程内工序、装置集合的重新构筑过程。

6.1.2　中国钢铁生产流程优化方向

综合目前的研究进展和实践经验来看，我国新一代钢铁制造流程的目标是能够在新的时代背景下，自主集成生产薄板（及其深加工产品）的大型钢铁联合企业的工艺流程和设备，以支持新一代钢铁基地的建设和现有钢厂的改造；同时，在流程整体优化的基础上，使我国钢铁工业再节能 15%～20%，使钢的使用效率提高 5%～15%，解决若干高附加值产品的自主开发和创新问题，使新一代钢铁制造流程不仅具有良好的钢铁产品制造功能，还具有能源转换功能及废弃物处理和再资源化功能。

一个理想的未来新的钢铁生产基地（以 800 万 ~900 万吨/年全薄板型钢厂为例）将实现以下目标：

占地面积约 8000 平方米；高效率、低成本、大批量地生产高附加值薄板及其深加工产品；能耗降至 620~630 千克标准煤/吨；新水消耗量小于 3.5 吨/吨钢；只买煤，基本不买电、不用燃料油；钢—电—水泥联合生产；大量消纳处理废塑料、废钢等社会废弃物；生产效率达到 1200 ~1600 吨/（人·年），其中，一线生产人员的生产效率达到 3000 吨/（人·年）。

新一代钢铁生产流程应是建立在若干现有先进工艺、装备的基础上，将新开发的工艺、装备以及新开发的柔性生产作业流水创新性集成起来，重新构筑的工艺制造流程。其重点可以概括为以下七个方面：

（1）共性技术平台。例如高效率、低成本的洁净钢生产技术平台等。

（2）动态有序运行的界面技术。即工序之间、车间之间的衔接、匹配、协同、缓冲技术等，保证物质流的顺利衔接和合理匹配，逐步趋近能量流耗散最少的流程整体优化匹配。

（3）流程工程集成技术。例如流程网络（平面图等）的合理配置技术，若干关键装备的创新设计和制造技术，物质流、能量流和信息流有序的信息调控技术等。

（4）系统、高效的能源转换技术。例如 CDQ、TRT、CCPP 等发电技术，能源梯级利用技术等，包括万吨级制氢技术。

（5）废弃物资源化利用技术。包括废钢、废塑料、废轮胎等废弃物的消纳处理等。

（6）产业链衔接技术。包括钢铁、水泥、发电、石化、化工、造船、集装箱制造、物流等循环经济示范区的建设。

（7）流程物理模型和虚拟现实技术。包括钢厂流程动态有序运行的物理本质研究，以及建立在动态优化模型、信息技术和可视化技术等基础上的虚拟现实等。

总体而言，流程的紧凑、高效和智能化将成为钢铁生产流程发展的主要方向，所谓紧凑流程是指以近终型连铸为基本条件的，把钢水从凝固成型到成材的过程连续化，使炼钢、轧钢成为同一工厂中完全连续衔接的两个工序，实现生产周期以分钟（甚至是秒）来计算的极高效、优质、经济的崭新钢铁工艺流程。发展紧凑型新流程不必一律新建。发达国家及我国一些企业的实践已经证明，传统流程具有一定的可改造性，改造后的流程将具有充分利用存量资产的更大投资效益。这种改革视现有工厂是否具备工厂布局与最低容量（如大于100吨）冶炼炉匹配等必要条件是否具备而定，以保持新流程在投资、规模、质量、效率、效益等方面的全面优势。对不能适应新流程要求的现有企业，则应逐步淘汰。

6.2　高效利用各类原材料

钢铁生产要用到许多种类的原材料，我国钢铁企业通过提高材料使用效率来实现钢铁行业减排和降低成本具有很大的潜力。我国是钢铁生产大国，但是钢铁生产的废弃物长期处于低水平利用状况，在一定程度上阻碍了我国钢铁工业的可持续发展，与国家加强环境保护和资源循环利用等可持续发展战略不相符合。加快推进钢铁行业废物循环利用技术与示范具有现实的紧迫性，钢铁企业亟须开发提高废渣、废水、余热等管理和利用水平的关键技术，从而增强自身的可持续发展能力。

在这方面，我国钢铁企业和高校以及研究院所等已经开展了大量工作。例如，由中国钢铁工业协会组织，中钢集团武汉安全环保研究院牵头，北京科技大学、江阴兴澄特种钢铁有限公司、武钢集团、中节能资产经营有限公司和江苏沙钢集团共同承担的"十二五"国家科技支撑计划项目"大型钢铁联合企业废物循环利用技术与示范"，通过研究钢渣余热回收及循环利用、废水深度处理及回用、余热回收利用等关键技术，开发基于物联网的钢铁企业废物流向监控与循环利用技术，提高废物、余热利用效率和废物管理的精细化水平。该项目实施的目的就是大幅提高大型钢铁联合企业废物循环利用水平，使废物循环利用效益显著增加，"三废"排放持续下降，基于物联网的钢铁企业物质流监控技术取得突破，从而实现钢铁企业废物管理的集约化和精细化。项目实施过程中，在以下六个方面进行了探索：含 Cr 钢渣制备微晶玻璃技术；钢渣梯级利用与余热梯度回用技术及应用；钢铁联合企业综合废水深度处理和循环回用技术及应用；钢铁联合企业焦化废水处置分质回用技术及应用；钢铁联合企业副产煤气清洁循环利用技术及应用；基于物联网的钢铁企业物质流监控与循环利用技术。

再以前文中提到的废钢铁为例。废钢铁是一种载能资源，应用废钢铁炼钢可大幅度降低钢铁生产综合能耗，减少碳排放。铁矿石相比，利用废钢铁直接炼钢可节约 60% 的能源，每使用 1 吨废钢铁，可减少约 1.9 吨二氧化碳排放。同时，废钢铁也是一种低碳资源，应用废钢铁炼钢，在生产过程中可大量减少一氧化碳、二氧化碳等废气排放，实现温室气体减排。另外，废钢铁还是一种可无限循环使用的再生资源，增加废钢铁供应能力是减轻对铁矿石的依赖的一条重要途径。提高炼钢废钢比，有利于减少原生资源开采，每使用 1 吨废钢铁，可减少 1.7 吨精矿粉消耗、4.3 吨原矿开采，从而间接减少碳排放；而且，提高炼钢废钢比也是中国钢铁工业化解过剩产能、落实绿色发展的一条重要途径。此外，短流程电炉炼钢替代长流程高炉炼铁、转炉炼钢是世界钢铁工业发展趋势，而废钢铁是短流程电炉炼钢的重要原料，所以废钢铁的循环利用量将不断增长。

6.3 改进生产工艺

我国钢铁工业整体工艺装备能力与水平不断提高,国内多数大中型企业的主流工艺与装备达到了国际先进水平,已基本实现工艺装备大型化、连续化和自动化;而且,工艺与装备技术的自主开发取得进展,大部分装备已具备了立足国内制造的基本条件。从规模上看,我国钢铁产品已基本能适应我国国民经济建设的需要,产品实物质量水平也在不断提高。但是,仍然有少部分品种不能满足需求,除工艺技术不过关,尚不能生产外,提升质量的关键工艺装备和产品检测系统配备不完善也是重要因素。

对于大中型企业来说,应该继续研究推进工艺进步,加快技术改造,强化对提升产品质量的工艺装备(如精炼、热处理、产品表面处理检测等装备)的配套完善,进一步提高生产工艺水平。对于规模较小的企业来说,应在力所能及的范围内,向先进企业对标,学习先进工艺,进行局部甚至整体的工艺设计和运行优化,开发自主特色,促进自身工艺水平提高。

6.4 提高用能水平，优化用能结构

钢铁在我国能源消费结构中占比为 18.2%。钢铁工业是耗能大户，生产每吨钢的综合能耗为 0.7~0.9 吨标准煤；联合企业生产每吨钢消耗电能 400~600 千瓦时。

钢铁生产所用的能源主要有炼焦煤、动力煤、燃料油、电力、气体燃料（如天然气等）和蒸汽等，能源品种多样，用能规模大。对于作为原料使用的煤炭，可以努力寻找较少增加温室气体排放的替代原料；对于作为燃料使用的煤炭，可以努力寻求清洁替代燃料的使用。而在整个生产流程中，提高用能水平，加强热量的回收以及二次、多次利用具有重要的意义。改进工艺可以带动用能水平和效率发生变化，所以在设计时应尽量考虑工艺的改进，以提高用能效率。

在用能结构上，也存在着许多替代煤炭使用的机会。以炼铁为例，相对于煤基还原来说，气基直接还原缩短了生产流程，更加清洁高效，碳排放也更少。

在各种燃料中，气体燃料的燃烧最容易控制，热效率也最高，是钢铁厂内备受欢迎的燃料。钢铁企业的生产车间基本上都使用各种热值不同的气体燃料，气体燃料在钢铁生产的热能平衡中占有重要地位。其中，天然气中含有大量烃类气体，热值高，经转化后可得到以氢气和一

氧化碳为主的还原性气体，供铁矿石还原培烧、高炉喷吹和铁矿石的直接还原等使用，是气体燃料中最受欢迎的一种。钢铁企业应该根据生产地址半径，熟悉当地能源供应结构特点，综合考虑运输价格等因素，提高清洁燃料使用比例。

6.5 优化产品结构，提升产品质量

我国钢铁行业结构仍存在不平衡问题。从钢铁进出口数据看，我国出口的钢材大多数是初级产品，而进口的以高端优特钢为主。出口产品结构高端化是塑造中国品牌的必然选择。

我国正处在工业化、城镇化、现代化加速发展的进程中，国民经济的持续、快速发展和产业结构的优化升级对钢铁产品的数量、品种和质量提出了更高的要求。目前我国部分高技术含量、高附加值钢铁产品的质量还不能满足用户使用要求，一般强度级别的冷轧汽车板品种虽与国际先进水平相当，但在钢板的表面质量和性能的稳定性等方面尚存在一定的差距；在高强度级别上，我国冷轧汽车板品种开发与国际先进水平的差距较大，抗拉强度1000兆帕以上的品种尚处于研制之中，目前完全依赖进口；除此之外，时速350公里以上的高速动车车辆用钢、不锈钢薄板、轴承钢、工模具钢、高牌号无取向硅钢、高磁感取向硅钢等尚不能完全自给，且这些产品生产工艺复杂、技术难度大，产品质量的控制要求也非常高，我国钢铁企业仍需加大研发力度，努力提升产品质量。

如前文提到的例子，目前发达国家的商业建筑使用钢材的量是安全标准所要求量的两倍，并且会在30~60年内被替代，也就是说，如果

完全按照安全标准进行建筑，并且以 80 年作为替代周期，这部分钢材的需求和消耗就会降至约 1/4。可见，在我国目前的发展阶段，优化钢铁产品结构、提高钢铁产品质量既是其他社会生产和消费部门提出的要求，也为钢铁行业转型升级、提高效率，从而直接或间接减少温室气体排放提供了机遇。

6.6　重视技术进步和升级

技术减排是最关键和重要的减排途径，前述章节已经对各种减排技术的遴选、减排潜力和成本效益进行了详细的讨论。本部分将从更加宏观的层面，讨论钢铁行业主流技术（长、短流程）的特点及未来发展趋势。

6.6.1　钢铁生产工艺长、短流程比较

世界钢铁生产工艺流程经过长期的发展和选择，淘汰了空气转炉、平炉炼钢等方法，只剩下两种主要流程：以高炉—转炉炼钢工艺为中心的钢铁联合企业生产流程，即长流程；以废钢—电炉炼钢为中心的"小钢厂"的钢铁生产流程，即短流程。长流程是将铁矿石在高炉中炼成铁水，然后在转炉中炼成钢水并铸成坯。短流程的主要技术进步是省去了高炉炼铁工序，以废钢（或 DRI）作为原料，在电炉中炼成钢水并铸成坯。这样可省去钢铁生产中投资巨大炼铁高炉，也无须供给铁矿石、煤和焦炭；同时，降低了能耗，避免了由于炼焦、烧结、炼铁等工序造成的污染，降低了生产成本，可建在钢材用户区域内，生产方式更灵活。预计到 21 世纪中叶，基于社会资源结构、环境承受能力和技术进步的程度等，长、短两种流程会互相渗透、并存发展，且短流程比长

流程发展得要快，直至两者在一个最佳点上达到平衡。

长、短流程工艺技术比较如下①：

（1）设备。

转炉：脱碳器、升温器、能量转换器；电炉：废钢熔化器、升温器、能量转换器、废物处理器（如塑料、轮胎等）。

（2）能源构成及消耗。

转炉：铁水物理热+碳氧反应化学热；电炉：电能+化学热（碳氧反应、氧燃烧嘴等）+物理热（预热废钢、加入铁水）。短流程能源总消耗只有长流程的50%。

（3）原料。

转炉：以高炉铁水为主，加上固体含铁料；电炉：从固体含铁料为主（目前中国加部分高炉铁水）。

（4）钢种质量。

转炉与电炉冶炼的钢种几乎相同（除含有难熔合金外），电炉钢比转炉钢残余元素多。由于早期特殊钢大都采用电弧炉冶炼，习惯上形成了"特殊钢厂就是电炉钢厂，特殊钢一定要用电炉冶炼，而电炉一定要生产特殊钢才够水平，才可以有好的经济效益"的观念。这主要是由早期电炉炼钢的特点和特殊钢产品本身的特点决定的：①电炉用废钢中有可利用的合金元素；②电炉炼钢是靠电弧进行加热的，可长时间地精确控制钢水温度，在合金化及浇注操作等方面比转炉有优越性；③电炉炼钢周期长、生产效率低、电价昂贵、成本高、炉容小，而特殊钢产品恰好具有合金含量高、多品种、小批量、附加值高等特点。因此，早期用电弧炉炼特殊钢，达到了扬长避短的目的，人们也一直认为转炉就是主要用于炼普通钢；但是，转炉利用纯铁水冶炼特殊钢更纯净，废钢

---

① 周建男．钢铁制造流程技术进步与钢铁企业可持续发展．山东冶金，2008，30（6）：7-11.

中的残余元素虽难以去除，炉外精炼技术的进步却增强了转炉冶炼特殊钢的能力。

（5）工艺衔接。

转炉比电炉冶炼周期短，与连铸的衔接性好；电炉比转炉生产柔性好。

（6）成本。

就目前我国的废钢资源、电价等来看，转炉比电炉生产成本低；但随着社会工业化进程的发展导致废钢资源增长和可炼焦煤资源的局限性增大，再加上政府对节能减排管理制度的进一步加强，以及直接还原铁技术的进步，短流程生产成本会相对下降。

（7）环境保护。

转炉流程中的炼焦、烧结、炼铁工序污染环境，而电炉流程在一定程度上减少了环境污染。

6.6.2 长、短流程工艺的优势、问题及前景

长流程的优势包括：生产效率高、消耗低、生产成本低；铁水的纯净度和质量稳定性均优于废钢；采用铁水预处理工艺，可进一步提高铁水纯净度，使硫含量小于 0.005%、磷含量小于 0.01%；配置 RH 精炼可获得极高的生产速率和优异的纯净度，因而适于低碳/超低碳、低残余元素的钢种，尤其是批量很大、合金含量较低的钢种；终点控制水平高，渣钢反应比电炉更接近平衡；钢水的气体含量低，氮含量小于 0.00002，氢含量小于 0.000003。但是，流程中需要热铁水，必然要配备庞大的炼铁、烧结、焦化系统，投资巨大，且污染严重，而且长流程中仅靠钢中易氧化元素与氧作用而释放的化学能来供应冶炼，故工艺柔性较差。

短流程的优势包括：温度高、易精确控制温度和成分、热效率高、能控制炉内气氛等；能较多地使用固体炉料，不需要庞大的炼铁和炼焦系统；可以间断性生产，是一种"柔性"的炼钢法，可以满足各种小批量，特殊规格、品种，合金量较高的钢种需要；能冶炼磷、硫、氧含量低的优质钢；能用各种元素（包括铝、钛等容易被氧化的元素）来使钢合金化，冶炼出各种类型的优质钢和合金钢，还可以冶炼普通钢。但是，在短流程中，电弧电离空气和水蒸气生成氢气、氮气，如进入钢水，将影响钢水质量；电弧是"点"热源，炉内温度分布不均匀，熔池平静时，各部位钢水温度相差较大；由于电炉加热钢水会使熔池适量增碳，故其优势钢类为中、高碳钢；由于电弧区钢液吸氮，所以难以生产氮含量低的钢铁产品；此外，短流程目前生产成本高。

未来长、短流程会共存相当长时间，但短流程会发展得更快，最终占据统治地位。结合长、短流程的原燃料（铁矿石、可炼焦煤、废钢等）、能源结构（一次能源、二次能源等）、工艺的共性和特性、生产成本及平炉被淘汰出局的现实等，可以预测，新的流程工艺一定会出现。

6.7 推进企业能源管理现代化

除技术节能外，管理节能也是一种行之有效的路径。相关研究显示，依靠科学先进的管理节能，有可能挖掘5%的节能潜力。

6.7.1 中国钢铁企业能源管理模式

从20世纪80年代开始，我国钢铁行业不断借鉴国外先进理念，逐步开展能源管理优化工作，并着手筹建能源中心。1981年，鞍钢率先提出了建立能源中心的设想；1985年，我国第一家企业能源管理中心在宝钢建成。经过30多年的发展，我国先后有很多企业采用了能源管理中心这一管理体制。实践证明，建立能源管理中心是钢铁企业通过能源科学管理、合理调配、高效转化和利用，实现系统节能的有效方式，能够推动我国钢铁企业从原有的事后统计、分析、查找原因的能源管理模式，向以生产流程和生产计划为中心进行预案设置、过程跟踪、实时统计、动态分析的能源管理模式转变。但是，由于受到各种条件的制约，有相当大比重的钢铁企业仍然沿用传统的能源管理体制。

目前我国钢铁企业能源管理模式主要包括以下三种①：

---

① 闫志杰. 钢铁企业能源管理现状及对策. 大众标准化，2015，11. p28-31.

（1）集中一贯管理模式。

该模式以能源管理信息化系统（EMS）为支撑，以企业能源管理中心为核心，按照扁平化和集中一贯管理的理念，将企业能源的数据采集、处理、分析等技术功能与能源的控制、预测、调度等管理功能进行有机、一体化的集成，基本实现了企业能源管理系统的管控一体化设计，系统和应用功能均比较完善。

（2）信息处理管理模式。

该模式也建立了企业能源管理中心，但主要采用数字化平台形式，将主要能源的消耗信息和部分设备信息集中到能源管理中心，并对部分有条件的工序进行监控，基本实现了基于计量数据分析的能源管理功能和与信息化系统结合的离线优化。

（3）数据分析管理模式。

该模式的特点是企业整体的信息化水平不高，沿用传统的能源管理体制，信息平台的主要作用仅是采集动力计量信息，通过软件实现编制能源管理报表、能耗分析、大屏幕显示等简单功能，无法实现信息在线处理和优化，本质上是以动力计量采集、管理为主的基础应用，与真正意义上的企业节能管理还有较大差距。

这三种能源管理模式的基本特点就是利用信息化和数字技术实现能源的精确计算、实时控制和计划调度。但是，面对发展低碳经济和节能减排的新形势、新任务，现有的能源管理模式还不足以系统解决钢铁企业能源种类繁杂、利用效率不高、二次能源回收率偏低等现实难题，需要在梳理现有管理模式优缺点的基础上，加快能源管理创新步伐，探索出一条适合钢铁企业进行系统性节能管理的新模式。

6.7.2 企业能源管理中存在的问题

目前我国钢铁企业能源管理中存在着许多不足之处。

（1）管理创新与技术创新跟不上。

随着节能技术的快速发展，众多钢铁企业纷纷加大先进工艺技术装备的应用和推广力度，节能技术水平迅速提高，但由于钢铁企业节能技术涉及领域较多，涵盖范围较宽，同时这些技术装备运行时往往存在着关联，如果不统一进行优化管理，节能技术效能的发挥将受到很大制约。目前，由于大型钢铁企业由众多生产单位组成，除主体生产线外，相互之间的基础节能设施往往缺乏统一的调度指挥。

（2）实时运行与系统规划不一致。

钢铁企业能源管理工作仍处于摸索阶段，大多数钢厂的能源管理模式仅仅是"单兵作战"，往往注重单体装备的能耗评估和节约，同时对单一能源研究得比较多。然而，从全局角度和战略层面看，多数钢铁企业的能源统筹优化配置做得还不够，以致单元能源消耗下降较快，但系统节能效果不理想；且能源管理总体上仍处于分散状态，能源管理职责归属多个部门，统一规划、决策、管理的职能不突出，缺乏集中统一的能源管理机构，不利于统筹规划和综合协调，难以应对重大能源形势变化和经济社会发展的挑战。

（3）主体装备改造与节能技术不配套。

我国钢铁企业多达上千家，不仅产能布局分散，而且工艺装备新旧并存。由于先进节能技术的推广应用力度不够，重点大中型企业高炉煤气余压透平发电（TRT）、干熄焦、转炉干法除尘配备率仅为30%、52%和20%，造成钢铁行业整体能源利用效率不高。

6.7.3　推进能源高效管理

加强钢铁企业能源的高效管理，提高企业的能源利用水平，需要综合考虑以下几个方面的因素。

结构优化。结构优化是钢铁企业节能工作最重要的环节之一。一方面，企业应紧跟技术发展前沿，大力推进结构调整，淘汰落后工艺，加快实现工艺装备的大型化、现代化，促进源头减量和过程清洁生产；另一方面，企业应逐步实现钢铁生产从长流程向短流程转变，积极推动用能结构调整，科学合理地配置各类能源。

系统优化。系统优化是发挥企业整体节能效果的关键所在。系统优化就是对企业—生产工序—单体设备三个不同层次节能工作的协调和优化，即从钢铁生产大循环系统角度出发，强调单体设备的节能，兼顾各能源子系统，统筹各生产工序，实现系统用能的经济性和结构优化，进而实现节能途径的最优化和节能效果的最大化。

梯级利用。能源梯级利用属于循环经济范畴，是提高能源利用率、减少碳排放的最佳措施之一。根据钢铁企业的流程特点和用能特性，由于能源在利用过程中的能量损失不可避免，能源利用效率呈现逐步衰减态势。因此，不管是一次能源还是二次能源，在利用方式上，都应按能源的不同品位，综合能源转换效率，逐级加以利用。例如，在钢铁企业内部，对焦炉煤气要进行深加工，而不是制备蒸汽和发电，副产煤气在企业内部使用还有剩余的情况下，才会用于发电；热电联产过程中，高、中温蒸汽先用于发电或进入生产工序，低温余热用于办公供热，而烧结余热和高炉顶压用于发电等。

量化管理。这是钢铁企业科学管理能源、实现系统节能的重要基础，应完善水、电、风、煤气、蒸汽等各种能源介质的计量检测设备，提高计量工作的准确性和科学性，实行单体设备能源定额消耗管理，形成覆盖厂—车间—作业区（班组）的三级能源计量管理体系。

经济可靠。钢铁企业能源转换途径众多，工艺技术发展迅速，应坚持以实际效果为衡量标准，以系统的经济性、可靠性和稳定性为原则，采取成熟可靠、经济适用的工艺技术。

此外，在实现途径上，要注意转变钢铁企业能源管理理念、建立钢铁企业科学能源管理体系和完善钢铁企业高效能源管理机制。

转变钢铁企业能源管理理念。根据目前我国能源、资源条件和工艺技术现状，我国钢铁企业以煤炭为主的能源消费结构短期内不会发生根本性改变，因此，重大工艺技术的突破应该是关键。此外，随着我国工业化进程的加快，钢材的社会积累量达到一定程度后，钢铁企业将有条件更多地采用以废钢为主要原料的电炉短流程，从而改变煤炭使用比重过高的局面。系统节能涉及企业的方方面面，因此，企业能源管理应逐步向计划、采购、生产、技术、设备等各个环节与能源管理部门分工协作的综合能源管理体系转变，改变以往粗放的管理方式，以完善能源计量体系为支撑，加强能源消耗定额管理，通过对能源使用情况进行全面分析、科学诊断、精确控制，推动能源管理步入集约化、精细化和科学化轨道。

建立钢铁企业科学能源管理体系。钢铁企业应成立由企业主要负责人为组长的能源管理领导小组，建立、完善自上而下的能源管理机构，设立能源管理岗位，并明确岗位任务和职责，为深化能源管理工作提供组织保障。运用系统的思想和组织方法，以物质流、能量流、信息流为核心进行动态过程控制和管理，在明确目标、职责、程序和资源要求的基础上，进行全面策划、实施、检查和改进，寻求最佳能源管理实践方案。加强用能计划的监督考核，提高用能计划的科学性、严肃性和准确性，建立、健全能源使用考核制度，明确考核内容、检查途径和奖惩标准，实现能源管理约束性惩罚与鼓励性奖励的有机统一。

完善钢铁企业高效能源管理机制。钢铁企业应运用高效管理手段，通过信息化和工艺技术的融合，提高工艺技术装备的利用效率和效能。

合同能源管理是目前国家大力推广的一种基于市场的、全新的节能新机制，实质是一种以减少的能源费用来支付节能项目全部成本的节能投资方式，有助于推进节能项目的开展。钢铁企业应根据效益最大化的原则配置能源管理要素，通过能源管理系统的计划编制、实绩分析、质量管理、能耗评价等对能源生产和消耗过程进行用能预测和管理评价。建立能源消耗定额体系和定额管理组织体系；制定、修订能源消耗定额，采取有效的技术和组织措施，以保证定额的完成；考核、分析定额完成情况并总结经验，提出改进措施。企业应对生产流程中的能量收入和支出在数量上的平衡关系进行监测，通过 EMS 对能源数据进行分析、处理和加工，由能源调度人员和专业能源管理人员依据实时掌握的用能状态，动态调整、平衡能源介质结构、消耗，以全面反映企业各类能源的产、供、用或调入、调出之间的关系。

附 录

附录 A 钢铁行业企业减排机会记录表格

附表 1 钢铁行业企业减排机会记录表格

1. 减排对象确定	A. 减排对象性质	
	B. 边界划定	
	C. 关键参数	
2. 与目标模型 （先进案例或理论模型）对照	A. 能源利用与碳排放现状	
	B. 目标模型能源利用与碳排放现状	
	C. 与目标模型对照	
	D. 识别改进机会	
	E. 预估减排量	
3. 进行减排实践	A. 可行性研究	
	B. 技术改进方案设计	
	C. 方案执行	
4. 减排量记录与反馈	A. 是否达到预期效果	
	B. 总结案例经验，是否具有推广价值	
	C. 定期反馈	

附录 B　钢铁行业能效提升和温室气体减排适用技术小结

　　美国国家环保署于 2012 年公布了钢铁行业温室气体减排适用和未来技术指南。该指南有助于我国钢铁行业对照识别减排机会。该附录列出具有重要相关性的能效提升措施。所有措施都可以减少燃料使用，因而产生直接或间接的减排效益。

　　全行业内的技术进步，例如新流程的应用和广泛采用的流程控制，已经将美国钢铁行业能源强度在 1990 年的基础上降低了 30%。需要指出的是，尽管这部分附录中列出的选择都可以提高能源效率，如果在全行业想继续保持 1990 年以来的减排成果延续态势，可能需要一大批突破性的技术发展和商业化。

1. 烧结

　　以下是集成钢铁生产设备的烧结环节潜在能源使用削减机会的描述。

(1) 烧结设备热回收。

　　烧结设备中回收的热量，可以用来预热燃烧炉的燃烧气体或者生产高压蒸汽，进一步被蒸汽轮机用来发电。如果要新建烧结设备，有大量的新系统可以选用（如鲁奇排放优化烧结过程），而现存的烧结设备，都可以被改进优化。据荷兰一个经过改进的设备时经验数据，烧结燃料节约估计为 0.55 吉焦/吨，额外发电量估计为 1.4 千瓦时/吨（0.0056 吉焦/吨），氮氧化物、硫氧化物和颗粒物预期都会减少。资金成本大约为 4.72 美元/吨，回报周期估计为 2.8 年。在日本，利用烧结冷却气而进行蒸汽生产的余热利用锅炉非常普遍，据报告每吨烧结可以回收 0.25 吉焦热量。

（2）烧结设备排放优化。

烧结设备的该项优化程序是在 20 世纪 90 年代由 Outokumpu 开发的，可以在最小的生产干扰的情况下进行设备改进。通过为整个烧结设备增加外罩，重新循环尾气，使用其产生的一氧化碳作为能源来源，减少尾气排放，从而使得整个烧结过程的尾气排放减少 50% ~60%。该程序可以减少尾气清洁所需要的投资，减少焦炭使用量，降低运行成本，显著减少氮氧化物、硫氧化物、一氧化碳和二氧化碳排放。

（3）减少空气泄漏。

减少烧结装置气体泄漏可以降低风机电力消耗 0.011~ 0.014 吉焦/吨。修补泄漏的资金成本大约为每吨烧结容量 0.14 美元，回报周期大约为 1.3 年。（在其他钢铁行业程序和其他工业部门中，提升风机效率是一个很有潜力的能源节约选择）

（4）增加烧结床深度。

增加烧结装置的烧结床深度可以降低燃料消耗，改进产品质量，并且轻微增加产量。每增加 10 毫米烧结床深度大约可以降低燃料消耗

0.3 千克焦炭/吨，电力节约大约为 0.002 吉焦/吨。

（5）改善过程控制和管理。

基于行业控制和管理的普遍经验，改善程序管理可以节约能源使用 2~5 个百分点。以 2% 为例，相当于约 0.05 吉焦/吨的能源节约。资金成本大约为 0.19 美元/吨，回报周期大约为 1.4 年。

（6）使用废弃燃料。

含有卡路里的废弃物质（如来自冷轧机的油）可以被用作燃料，降低本应由一次能源承担的能源需求。在废弃物质的质量和数量未知的情况下，这种办法的能源节约量比较难以估计。废弃物质的使用可能被一个特定的排放范围所限制，因为油和其他有机物作为烧结设备的进料，增加了有机化合物的排放（包括苯和其他挥发性有机物二噁英等）。根据来自欧洲轧机的数据，能源节约大致在 0.18 吉焦/吨。这种办法的能源节约量依赖于润滑剂的组成和数量，以及烧结设备上安装的气体清洁系统。此外，在这些降低能源消费的努力中，排放控制系统很可能不能够很好地控制不充分燃烧产生的有机物。根据相关报告，一个设备开发出一个废物回收和注射系统，每年循环利用大约 20 万吨的各种材料，成本约为 2500 万美元。废物利用的资金成本大约为 0.29 美元/吨，回报周期大约为半年。

（7）改进装料工艺。

用矿石作烧结原材料并不昂贵，但是却降低了烧结过程的生产性能，因为它与水有很强的黏合性，并且颗粒粗大。这些问题可以用改进的装料工艺系统来解决。该系统包括一个滚筒溜槽和分离缝隙线，其中，滚筒溜槽的作用是降低进料的高度差，而分离缝隙线的作用是控制颗粒大小分布。特别地，由于维持一个连续的颗粒大小，烧结混合物的渗透性能得到了提升，进而提升了烧结效率，而较坏的烧结状况下导致的物料返回率也被降低。这项系统由日本的一家钢铁厂商开发，并且已经被引入了日本的所有设备。相比于传统进料系统，改进的系统生产性能得到提升，焦炭使用量减少了 0.08 吉焦/吨，约相当于 5% 的能源节约。

（8）改进点火设备效率。

通过改进点火设备效率，可以节约大量的燃料。为了减少点火炉所需的燃料，可以将传统大型点火炉装置中的蓄热箱移除，代之以一个较小容量的点火炉。小点火炉的内部压力由紧贴在烘炉下方的单独控制空气室所决定，由此，一个可以快速加热并且可以统一化托盘宽度方向点火的火炉被设计出来，以实现燃料节约。这个火炉包含一个位于烧结层宽度方向的燃料排气喷嘴和包含这些排气喷嘴的一个像裂缝一样的燃烧瓦片。燃料排气喷嘴中的燃料首先与燃烧瓦片内部的一次气体反应，然后与使得外部区域燃烧的二次气体反应。使用了这种缝隙状燃烧瓦片后，非燃烧区域就没有了，通过控制一次和二次进气，可以控制火焰长度，从而使燃烧能源的需求量降至最低。整体而言，这种点火装置可以使得能源使用减少约 30%（见附图 1）。

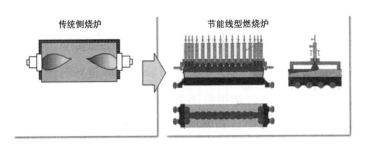

附图 1　点火设备改进示意图

（9）其他措施。

其他措施包括使用更高质量的铁矿石，降低氧化铁含量，用氧化锰代替氧化硅，将烧结碱度降低到合适的范围（1.5~2），以及使用粗碎焦炭渣。

2. 炼焦

该部分包括炼焦过程的潜在能源减量措施。

（1）煤炭调湿控制。

焦炉煤气的余热可以被用来干燥炼焦煤，从而降低炼焦炉的燃料消耗大约0.3吉焦/吨。日本的一种煤炭调湿控制装置成本大约为每吨钢76.6美元。这项技术的应用可以减少碳化热量需求0.13~0.21吉焦/吨，而焦炭的强度也提升了约1.7个百分点，生产能力提高了大约10个百分点。但该技术的回报周期较长，超过50年。

（2）程序化加热。

程序化加热代替传统的连续炼焦炉加热可以优化炼焦过程中的燃气

供应。这个办法可以节约 10% 的能源，合大约每吨焦炭 0.17 吉焦。计算机控制系统的资金成本大约为一座炼焦炉 11.325 万美元，合每吨焦炭 0.37 美元。回报周期估计为 0.7 年。

（3）变速驱动焦炉煤气压缩机。

尽管焦炉煤气在低压情况下产生然后加压运输到内部气流网，但是焦炉煤气流依然会根据焦炭反应随时间变化。使用变速驱动焦炉煤气压缩机可以减少压缩供传输用的低压气体的能源需求，且变速驱动可以帮助补偿焦炭反应导致的气体流的变化。在荷兰，安装了变速驱动系统后合每吨焦炭 0.47 美元，实现了每吨焦炭节约能源 0.006～0.008 吉焦。回报周期较长，估计为 21 年。

（4）干法熄焦。

干法熄焦代替湿法熄焦，可以回收焦炭除尘过程中可能的热量损失。这种技术的热量回收率约为每吨焦炭 0.55 吉焦。此外，日本钢铁公司的性能记录显示，使用干法熄焦生产的焦炭，可以降低高炉焦炭消费量合每吨熔融铁 0.28 吉焦。回报周期较长，大约为 36 年。对于新设备，干法熄焦系统的成本合每吨焦炭 109.5 美元。改进成本很大程度上取决于设备布局，之后节约的成本合每吉焦焦炭热量 112～144 美元。在美国，干法熄焦还未被应用于任何一个设备。

（5）焦炉煤气的其他使用途径。

尽管焦炉煤气是一种低热值的气体，但在美国大约 40% 的焦炉煤气被用作炼焦炉的一种燃料。在大多数美国钢厂中，其余的焦炉煤气被用作加热炉和产生发电蒸汽锅炉、涡轮驱动装置（如泵和风机）的燃料以及过程热量。如果所有焦炉煤气都可以在一个设备中燃烧完全，它可以被在燃烧程序中使用，以抵消天然气的消耗。

（6）单室系统。

单室系统炼焦反应器（正式叫法为大型炼焦反应器）是指带有大型炼焦容量和宽度（450～850毫米）的炼焦炉。其生产流程中包含预热煤炭的使用。这种反应器是带有坚硬耐压的加热墙（用以吸收高炼焦压力）的独立程序控制模块，更薄的加热墙也可以使用，从而改善热量转换和燃烧，大幅增加设备设计的灵活性。这种加热墙的高负荷容量允许更大范围的煤炭尺寸进料，并且更大尺寸的炉子降低了向环境中的污染物排放。煤炭预热增加了煤块密度，降低了炼焦时间，改善了生产性能，增加了焦炭强度。这种炼焦炉预期可以替代目前的只有有限灵活性墙壁的多室炉子，单室系统的炉子使得热效率从38%提高到70%，但是这种技术目前还在研发中。

（7）无回收炼焦炉。

在无回收炼焦程序中，炼焦产生的原始焦炉煤气和其他副产品在炉内燃烧，为热量回收和协同发电提供潜在来源。由于在降低的压力下运行炉子，并且这种温度下所有的潜在污染物都分解为可燃化合物，所以这种技术消化了所有副产品，清除了大部分炼焦过程中潜在的气体排放和传统副产物回收过程产生的水污染。这种工艺需要一种区别于传统的炉子设计，占空间更大，但不再需要焦炉煤气处理装置和废水处理装置。

废气排入热量回收锅炉（余热发电锅炉）的工艺称为热量回收炼焦。美国最新建造的四个炼焦装置都是这种类型。在俄亥俄州的黑弗里尔，一个设备每年生产 45 万吨焦炭，同时产生 200 吨/小时蒸汽，这些蒸汽部分被附近一个化学装置使用，部分用来发电。另一个伊利诺伊州的花岗岩市的装置，每年生产 59 万吨高炉焦炭和大约 225 吉焦/小时超高热蒸汽。

3. 高炉

该部分是集成钢铁生产装置中的高炉环节的潜在能源削减机会。

（1）煤粉喷射。

几乎所有集成型钢铁设备都采用了煤粉喷射技术，喷射率各不相同。煤粉和天然气喷射技术代替了焦炭使用，从而减少了焦炭生产，节约了焦炭生产过程中大量的能源消耗，减少了炼焦炉的排放，降低了维护成本。然而，增加燃料喷射，需要增加氧气和煤粉喷射的能源消耗、电力以及研磨煤的装置。一定数量的焦炭仍然作为高炉的支撑材料被使用。在一个例子中，高炉平均煤粉喷射率从大约每吨热金属 2 千克增加到了每吨热金属 130 千克，由此带来的高炉能源节约为每吨喷射煤粉 3.76 吉焦，燃料节约估计为每吨热金属 0.77 吉焦，资金成本为每吨热金属 10.94 美元，运营成本减少 3.12 美元/吨。煤粉研磨装置投资估计为每吨喷射煤粉 50~55 美元，回报周期估计为 2~2.4 年。

在实际应用中，煤粉喷射的规模有一个上限，这个上限取决于煤炭类型、原材料质量和其他可变因素。现有研究认为，高于 200 千克/吨热金属的煤粉喷射率过高，可能无法保持长时间运行，对于大型熔炉来说，更是如此。

（2）天然气喷射。

天然气喷射技术一般仅应用于年产量 130 万~230 万吨的中型熔炉。

天然气喷射是煤粉喷射的一种替代，是否选择它取决于天然气相对煤炭的价格。替代率约为每吨焦炭对应 0.9~1.15 吨天然气。估计资金成本为 7.82 美元/吨热金属，成本节约为 4~5 美元/吨热金属，典型的该种工艺能源节约估计为 0.9 吉焦/吨热金属。天然气和煤粉可以同步喷射。天然气喷射对应煤粉喷射大约为每吨煤粉对应 200~500 立方米，随着燃料构成和技术条件而变化。回报周期约为 1.3 年。

（3）重油喷射。

重燃料油和废油同样可以进行喷射，对焦炭的替代率大约为 0.9 吨油对应 1.1 吨焦炭。和天然气一样，油包含氢，因而可以减少二氧化碳的排放。如果油气喷射同氧气燃烧技术一同使用，喷射的油气数量同常规燃烧炉相比可以 100%地提高，相应的喷射比率为每生产一个重量的热金属，对应一个重量的油。

（4）焦炉煤气（COG）和氧气顶吹转炉气（BOF gas）喷注。

COG 和 BOF 气体同样可以被喷射入高炉内，以减少二氧化碳排放，因为这些气体比焦炭的含碳量低。鼓风口最大的 COG 喷射水平在 0.1 吨 COG/吨热金属。对焦炭的替代率为 0.9 吨 COG 对应 0.89 吨焦炭。这个限制条件由高炉内的热化学条件所决定。在美国宾州 Braddock 有两台高炉成功地应用了 COG 喷射技术。

（5）添加铁炭混合煤团。

铁炭混合煤团为粉铁矿与煤粉以胶合剂混拌而成，经于高炉试用，发现其可提高高炉能源效率，而且使用非焦炭煤以及生产流程中所产生的含铁粉尘及泥渣将有助于减少原料用量及促进资源循环利用。

（6）高炉顶压涡轮发电机（湿式除尘）。

高炉顶压涡轮发电机可回收除尘后高炉气的压力能，虽然高炉与大气压力差不高，但炉气流量大，所以仍有经济效益（见附图2）。涡轮发电机发电容量为 0.054～0.14 吉焦/吨热金属。尽管许多美国高炉的顶压对于回收来说太低，但未来升级后的高炉可以增压，使得回收具有经济性。（每隔几年高炉都会停运并修理内衬，在此期间，可以同时升级与高炉运转相关的其他设备）涡轮发电机投资成本约为 28.4 美元/吨热金属，回收年限估计要 30 年。

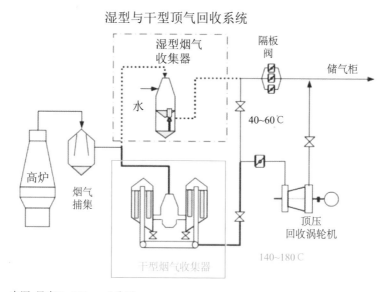

来源：日本Steel Plantech公司

附图 2　高炉顶压涡轮发电机（湿式除尘）示意

（7）高炉气回收。

高炉内使用的气体加料时约有 1.5% 的损失，可借由回收系统加以回收。荷兰某座高炉投资回收系统成本为 0.47 美元/吨铁水，预估节能约 0.066 吉焦 /吨铁水，回收年限为 2.3 年。

（8）热风炉自动化。

此技术可优化热风炉运转程序，从而减少 5%～12% 的能耗，相当于 0.037 吉焦/吨铁水。比利时的一个炉子安装此控制系统后，2 个月即收回了成本。一般此技术投资成本约 0.47 美元/吨铁水，回收年限预估为 0.4 年。在以前的 ISPAT Island 工厂，应用一个风炉优化运行模型控制器，减少了 6%～7% 的天然气使用，改善了运行连续性。

（9）热风炉废热回收。

热风炉烟气可预热高炉的燃烧空气。该系统已经在运行当中，可节省燃料 0.080～0.085 吉焦/吨铁水，投资成本为约 18～20 美元/吨铁水。预热可以节约能源 0.35 吉焦/吨粗钢。通过此技术一个有效的热炉运行程序可以不需要天然气。以具有两个热交换器的中型废热回收设备而言，显热回收比率可达 40%～50%，可减少能耗约 0.126 吉焦/吨粗钢，回收年限预估为 8.7 年。

（10）改善热风炉燃烧条件。

较高效率的燃烧器及调适良好的燃氧比可节能 0.04 吉焦/吨粗钢。

（11）应用高炉控制改善系统。

欧美与日本已发展高炉控制系统以改进高炉的操作，预估节能 0.4

吉焦/吨铁水，投资成本预估约50万美元/座高炉，或16.8/吨铁水。奥地利Linz的一个闭环高炉自动系统在2000年节约焦炭消耗0.46吨/吨铁水，降低蒸汽消耗9.5吨/小时。回收年限为0.4年。

（12）高炉气循环再利用。

高炉生成的高炉气（含一氧化碳与氢气等还原气体）的循环再利用是提升高炉效能的有效方式，可增加碳与氢的去化，从而减少碳氧化物排放。这一过程的节能效果由于是否移除二氧化碳、是否预热、喷注位置不同而有所区别。这一技术尚未商业化，但将是未来研发超低碳炼钢法的主流。

（13）炉渣废热回收。

近代的高炉生产一吨粗钢有0.25~0.3吨液状炉渣（1450℃）产生，目前没有商业化应用的炉渣废热回收系统，主要是因为发展一个安全可靠、高效率且不影响炉渣质量的回收系统存在很大的困难。其中的主要问题是炉渣在形成粒状时难以回收废热，否则其节能效益可达到约0.35吉焦/吨粗钢。

4. 转炉

该部分是集成钢铁生产装置中的转炉环节的潜在能源削减机会。

（1）转炉废热及燃料回收。

在美国，开放式排气罩转炉和闭合式排气罩转炉大约各占一半。当氧气被吹入转炉内部除碳制钢时，大多数碳以一氧化碳的形式被除去。在开放式转炉中，大量的外部空气进入转炉排气罩以燃烧一氧化碳，尾气温度达到 1900℃。开放式转炉的尾气没有燃料价值，而闭合式转炉由于一氧化碳存在而具有燃料价值，但两种转炉的尾气都因其高温而具有热回收价值。闭合式转炉压制或阻止外部空气进入，尾气温度相对开放式转炉较低，为 1650℃。新型的转炉一般是闭合式设计，运行成本较低，然而近 30 年美国并未安装新的转炉。

闭合式转炉为热回收和燃料回收提供了最好的机会。尽管转炉热回收和燃料回收在日本和西欧非常普遍，但在美国还没有得到应用。这主要是因为改进旧有转炉的经济成本较高。然而，转炉废热与可燃气回收为转炉炼钢最有效的节能途径之一，许多国家的炼钢厂转炉燃气主要用于锅炉，可直接使用或与高炉气（BFG）混合使用。转炉燃气与高炉气也可用于复循环燃气涡轮机，这是一种比传统锅炉和汽轮机更有效的发电装置。

转炉能源回收可减少因使用天然气及电力而排放的二氧化碳约 0.05 吨/吨钢，抵消很大一部分不可避免的炼钢环节产生的二氧化碳量，可达 0.11~0.16 吨二氧化碳/吨钢。节能为 0.53~0.92 吉焦/吨钢。回收系统投资成本粗估为 20 美元/吨钢，若以年产 270 万吨的转炉估计，约 6600 万美元，回收年限预估为 12 年。

（2）抽气风车变速装置。

转炉为批次生产，废气排放量变化大，因此变速装置有助于减少能耗。一套转炉设备装设变速装置可节能 20%，或为 0.003 吉焦/吨粗钢；投资成本约 170 万美元或 0.31 美元/吨粗钢。在 Burns Harbor 钢铁生产厂，抽气风车变速装置和设备改进降低了转炉大约 50% 的能源使用，并且降低了运行维护成本。回收年限为 2 年。

（3）改善流程监控。

各类监测系统如排气分析系统、轮廓感测系统及钢/炉渣成分同步测定仪等可增进制程操控，进而提高产量及节省能耗与成本。监测数据亦可输入转炉制程控制模块以达到操作最适化控制，例如转炉供氧管理系统采用自动监控系统预估可节省制氧电力 1.5%，回收年限约 3 年。

（4）钢包加热程序化及效率化。

转炉钢包是以气体燃烧器预热，预热盛装钢液的钢包的燃料耗用预估为 0.02 吉焦/吨钢液。钢包未加盖时，会通过热辐射产生热损，借由增设温度控制器、覆罩，实行有效能源管理措施，可以减少预热，而使用复热式燃烧器、富氧燃烧器等方法可减少热损。

钢包加热程序化可减少钢包升温的燃料用量，例如建立加热作业时工作排程以避免高温持续时间过长，以及实现燃烧器燃烧控制。此外，采用效率高时燃烧器预热钢包可避免浪费燃料。

日本新日铁公司在仓敷市的炼钢厂为改善钢包加热系统而采用了一种高速在线加热设备，并发展出联结钢包加热系统与转炉鼓风机控制的操控系统。经改善前后比较，钢包储热量占热输入量之比由 6.5% 提高至 67.5%，改善幅度超过 10 倍。而钢包在盛装转炉钢液时的储热量则提高 6.3 倍，因此得以降低转炉出钢温度 9℃，从而减少转炉焦炭用量 16%。

5. 铸造

该部分是集成钢铁生产装置和电弧炉中的铸造环节的潜在能源削减机会。

（1）铸模预热及喂槽加热效率改善。

铸模以瓦斯燃烧器预热，耗能约 0.02 吉焦/吨钢液，其热损失来自未加盖及辐射。减少热损失的方法包括装设温度控制、覆盖及铸模效率管理（包括使用复热式燃烧器及富氧燃烧器等以减少预热需求）。

喂槽加热可减少钢液热损，避免铸造开始时产生气泡及耐火材料因热冲击而劣化。燃烧式喂槽加热一般只有 20% 的效率，新的电感式加热效率可达 98%，但使用电力会有间接发电损失。另外也有直接废除喂槽加热的实例，巴西某厂使用冷喂槽可减少 70% 的重开停时间及 78% 的天然气耗用，增加 90% 喂槽覆罩寿命，并因热及噪声减少而改善了工作环境，且产品质量未受影响。

不过，使用冷喂槽确有使铸造作业失败的潜在风险，这是因为冷喂槽可能存在使加热盘预热失败的风险，反过来给铸造机带来灾难性的后果，因而并非所有厂都适用。

爱荷华北极星钢厂的铸模预热及喂槽加热系统装设复热器，预估分别省燃料 28% 及 26%，投资回收年限粗估为 1～10 年，但还未证实（AISI，2011）。一套喂槽加热（成本 4.5 万美元）和一套铸模加热（成本 7 万美元）每年分别可以节约天然气 1050 吉焦和 14000 吉焦。燃料节约估计比较困难，有一种估计认为能源节约率可达 50%，大约 0.02 吉焦/吨粗钢。

（2）近净形铸造。

近净形铸造是一种铸造后即接近成品的制程，可减少半成品加工作业。近净形铸造将铸造及热轧相结合，从而减少热轧前的再加热作业。近净形铸造法主要用于薄板铸造及薄带铸造制程。然而此法仅限特定形状制品，无法广泛应用于钢铁工业所有形状的轧钢制品。由于钢铁厂商一般生产的是可用作多种形状的不同等级的钢，因此一般铸造成一种普遍的钢坯形状以适应不同目的，从而阻碍了适用多种用途的特种近净形钢的铸造。制造多种等级的近净形钢很容易引起铸造设备的每年上千次改变，也会带来运营上的极大的经济不确定性。尽管近净形钢对于某些形状来说是合适的，并且带来大量能源节约，但对于大多数形状来说，很可能产生操作延迟或增加操作成本（AISI，2011）。

在薄板铸法中，钢被直接铸造成 30～60 毫米薄板来代替原来的 120～300 毫米薄板。在美国的平板产品微型工厂中，这种薄板铸法已经应用成功，将来这种技术将为更多的厂家生产薄板钢提供机会。薄板铸法预估可节能 4.9 吉焦/吨粗钢，投资回收年限为 3.3 年。一台大型的设备投资成本约为 234.9 美元/吨产品，但是建成后可以带来大约 31 美元/吨粗钢的成本节约。另一项研究表明，带有隧道炉的薄板铸造可以节约能源 1.08 吉焦/吨铸钢。

在薄带铸法中，钢材在两个辊轴之间被铸造，产生大约 3 毫米厚的钢带。三种相关商业技术已经出现，在这些工艺中，两个水冷的辊轴铸造出带钢，冷却速度很快，生产效率很高。薄带铸法的最大优势是由于高产量和一些生产步骤的整合，大幅降低了资金成本。这项技术首先用于不锈钢生产，而且有两台设备已经可以制造带状碳钢。Castrip 是一种商业带钢铸造技术，2002 年建设在 Indiana 的 Nucor's Crawfordsville，并且从那时起这个工厂已经可以生产超薄带钢产品。Nucor 也已经开始在 Arkansas 的 Blythcvillc 建造第二个类似工厂。相比于厚带铸造（热轧、酸洗、冷轧），这种薄带铸法可以节约能源 1 吉焦/吨。而 Castrip 的超薄铸造相比于薄带铸法又可以节约 1 吉焦/吨。其他带状铸造技术包括 Eurostrip（由 ThyssenKrupp Steel，Arcelor 和 Voest Alpine Industries

组成的集团共同开发）以及 Nippon/Mitsubishi。

带状铸造不仅可以节约大量的资金成本和能源，也可以间接通过物料节约节省能源。运行和维护成本同样可以降低20%～25%，尽管这很大程度上取决于辊轴上耐火材料的寿命和当地环境。带状铸造燃料和电力使用分别为 0.05 吉焦/吨和 0.15 吉焦/吨，能源消费显著小于连续铸钢，相比于传统厚带连续铸造分别节约燃料和电力 1.2～1.5 吉焦/吨和 0.32～0.55 吉焦/吨（Worrell，2010）。

无论薄带还是薄板铸造都被认为是特型产品，仅在新装置和特定产品中可行（AISI，2011）。生产商认为，当产品和设备契合度高时，可以生产出更好的产品（Worrell，2012）。带状铸造越来越被认为可行，但是这种工艺生产的产品还没有完全取代传统样式的产品，因为该流程生产出的产品具有更优材料性能，但同时也有其他较差性能，这个抵消效果要根据每个产品进行评估（AISI，2011）。

6. 热轧和冷轧

（1）一般性措施。

从铸造流程中生产出来的半成品钢材进一步在集成钢铁装置和电弧炉的轧机中经过塑形和其他步骤成为成品。轧机根据环境温度不同分为冷轧和热轧。冷轧机械动力设备需要较多动力和能源；热轧速度更快，需要动力也较小，但是将钢材加热到接近熔融状态的温度需要很多能源。

这部分提供了在集成钢铁装置和电弧炉的热轧和冷轧工艺中的能效措施。

1）高效的驱动

高效交流驱动相比传统交流驱动可以节约1%或2%的电力。也就是说，在能源需求为 0.072 吉焦/吨轧钢的情况下，热轧钢可节约电力 0.014 吉焦/吨。高效驱动的成本约为 0.30 美元/吨热轧钢，回报年限为 3.2 年。

2）门极反馈式可关断逆变器

钢铁厂的主要设备（如轧机）所使用的驱动装置都是变速交流操作。门极可关断式晶闸管作为大型转换驱动的转换部件被广泛应用，而门极反馈式可关断逆变器可以代替门极可关断式晶闸管以减少转换损失。门板反馈式可关断逆变器具有更高的系统效率，不论处于额定载荷还是轻载荷状态下。门极反馈式可关断逆变器的典型应用是驱动轧钢机器，并且应用于从高速轧丝机到低速轧钢机的每个轧钢流程。此外，它还被应用于大型风机、泵、压缩机等以实现节能。

（2）热轧。

这部分提到的能效措施是专门适用于热轧的。在所有热轧操作中，再热炉都是一个决定终端产品质量和操作总费用的关键因素。再热炉的能源使用量取决于产品因素（如库存、钢类型等）、操作因素（如时序安排），以及设计特点。通过优化流程和升级再热炉可以实现节约。Iowa 的北极星再热炉的升级，导致了显著的燃料、能源和劳动力节约，同时由于废物使用减少而改善了炉内的耐火物质和产品质量。

1）合适的再热温度

在轧钢前为半成品选择加热温度时，应当尝试获得细颗粒结构的金属，其应当具有轧钢必需的机械属性。加热操作同样应当保证在晶体颗粒不过度增长的情况下实现金属内含物的熔解。轧钢前半成品加热温度降低 100℃ 可节省燃料 9%~10%，但降低加热温度会增加轧辊的作用力及动量，因而提高马达负载会增加能耗以及轧钢机磨损，例如，在轧机上增加机械和电力载荷会产生整体性的影响，从而增加能源消费和轧机设备的损耗。由于轧机设备、温度、钢等级、终端形状和冷却水温度的组合方式很多，评估由于温度改变而产生的能源增益是比较困难的。因此，仅降低加热温度未必能降低整体能耗，需应用系统方法评估降温效益。

2）再热炉避免过载

炉子过载会导致烟囱温度过高，为获得适当热传速率，燃烧气体在加热室须有适度停留时间。过载的炉子会使炉温较正常炉温低，故炉温设定须较正常炉温高，从而使燃烧器燃烧速率高于正常状态，进而增加燃烧气体体积。燃烧气体流速愈高，在炉内停留时间则愈短，所以热传效果会降低，而烟囱排气温度会升高。高温烟气体积增加会使热损大幅提高，过载虽能达成高生产目标，但燃料耗用成本会增加。提高热传能力可避免因提高产量而使炉子过载增加热损的问题。

多数再热炉须依所用燃料类型与用量多寡控制运转状态，过载鲜少发生。钢坯再热炉过载运转往往会降低轧钢生产率，长期而言并不经济；因过载而增加燃料用量亦会使再热炉空污排放增加，此为多数工厂所不允许。

3）热装料

热装料系指扁钢胚在装入热轧机再热炉之前的预热制程，预热温度愈高，则热轧再热炉愈省能。但厂房配置会影响热装料可行性，因为扁钢坯连铸机与再热炉应相互靠近，以避免热装料路径过长。然而，尽管对于一个设备来说热装料更佳，这做法却受到限制。如果两道工序之间没有一个空档期，当熔炼车间或者轧钢车间有工序失效时，整个设备运行都会是混乱的。这就会抵消节约能源的优势。

由于实际的节约量是因设备而异的，粗估预热可节能 0.06 吉焦/吨预热钢，投资成本预估约 23.5 美元/吨热轧钢，节省成本约 1.15 美元/吨预热钢，回收年限为 5.9 年。

4）热钢带轧延机制程控制

改进热钢带轧延机制程控制可通过减少不良品、提高产量、减少停车而间接节省能源。这项措施包括控制氧气水平和燃烧风机的变速驱动，可以优化炉内燃烧状态，使炉内载荷随时间变化。节约量取决于炉子的载荷因子和所采用的控制方法。比利时 ArcelorMittal's Sidmar 厂改善控制系统后，不良率由 1.5% 降为 0.2%，停车时间由 50% 降至 6%；因减少不良率而节省燃料 9%（0.3 吉焦/吨产品）。该厂一条年产量 280 万吨热钢带轧延机生产线的控制系统投资额为 360 万美元，回收年限为 1.2 年。

5）复热式燃烧器

复热式或蓄热式燃烧器可相当程度地减少能耗。复热或燃烧器是安装在加热炉烟囱上的气对气热交换器，类型非常多，但是都依赖于管道或转盘，从外排的尾气向进入的燃烧气传输热量，并且保持两股气流不混合。复热式燃烧器将烟气废热回收以预热燃烧空气，相比传统的没有热回收的炉子可节能 10%~20%。

由于现代复热式或蓄热式燃烧器相比传统系统有显著的能效提高，因此对老式或老化的炉子进行替换可以节约能源。新的设计氮氧化物排放同样较低，因而评价复热式或蓄热式燃烧器时应当包括对氮氧化物排放影响的评价。Iowa 的北极星钢铁就因替换了复热炉而实现了大量节能，大约 9%，回报周期为 6 个月。日本的一个例子显示，一种新的连续平板再热炉相比于旧一点的炉子可以降低 25% 的能耗。

再热炉中的复热式燃烧器最多可以降低 30% 的能耗，实际的节约量因设备而异，预估节能为 0.7 吉焦/吨产品，投资成本 3.9 美元/吨产品。回报周期为1.8年。

尽管复热式燃烧器在许多设备中普遍应用，却受到大气排放许可系统的限制，因为高火焰温度可能产生更多的氮氧化物排放。因而，除非大气许可条件改变，否则通过使用复热式燃烧器而实现的能效提升将是受到限制的。

6）无焰燃烧器

为提高加热炉效率，一般会尽量对进气进行预热，但这一过程也伴随着氮氧化物排放的增加。另一种技术是采用无焰燃烧器，分为一般空气助燃及富氧助燃二种。这种无焰技术是使炉内烟气于低氧量下再循环燃烧，看不见火焰。无焰富氧燃烧能提高热效率及热通量，从而较传统富氧燃烧节省燃料，再加上低氮氧化物排放及较佳热均匀性等优点，自2003年起，美国钢铁行业已有超过30个炉子采用无焰富氧燃烧。

ArcelorMittal最近获得了钢铁技术协会2009年度能源成就奖，奖励其将无焰富氧燃烧应用到旋转再加热炉。此种办法相比于传统空气助燃可以减少燃料消耗60%，还可以减少每年92%的氮氧化物排放和低于先前空气助燃水平约60%的二氧化碳排放。这种转换还使得ArcelorMittal能够增加25%的产量和减少50%的结垢。

这种技术普遍被应用在电弧炉行业，但是，和上面提到的复热式加热器类似，无氧燃烧器的使用是有限制的，一般预热空气温度控制在低于900℉以便降低氮氧化物的形成率。因此这项技术的应用也涉及排放限制的修订。

7）加热炉隔热

使用低热传轻质量陶瓷隔热材取代传统隔热材可减少炉壁热传损失，预估可节能2%～5%。投资额约15.6美元/吨产品，回收年限较长，为31年。

8）步进梁式加热炉

步进梁式加热炉是再热炉节能达到艺术境界的代表作，其特征是料坯在炉底上的移动靠的是炉底可动的步进梁作矩形轨迹的往复运动，把放置在固定梁上的料坯一步一步地由进料端送到出料端。美国 WCI 钢铁公司使用步进梁式加热炉后，较原三排堆料推钢式加热炉节省电力25%、节省燃料 37.5%。

9）含氧量控制及鼓风机使用变速装置

再热炉含氧量控制及鼓风机使用变速装置可使燃烧最适化，过量空气会增加废气量而导致燃烧效率降低，因此要定期检查燃料空气比。鼓风机变速装置于加热炉负载变动状态下也有助于含氧量控制。节能量随炉子载荷不同和控制策略不同而不同。英国 Cardiff Rod Mill 钢铁厂在步进梁式加热炉鼓风机上安装变速装置，节约燃料 48%，回收期为 16 个月。保守估计节能约 10% 或 0.33 吉焦/吨产品，投资成本约 0.79 美元/吨产品，回收年限为 0.8 年。

10）热回收用于半成品预热

如果不可能从扁钢坯连铸机直接进行扁钢胚的热送热装料，则可以从制程高温区回收外排废气中的余热来预热相对较冷的扁钢胚。经评估，North Star Steel 钢铁厂使用再热炉废气预热钢坯至 450~550℃ 可降低 32% 的成本；另一研究指出，半精整钢预热至 650℃ 可降低再热炉单位能耗 50%，而预热至 980℃ 则可降低 70%~80%。

11）冷却水中的废热回收

可以从热钢带轧延机的冷却水中回收废热以供产制低压蒸汽。预估可节省燃料 0.04 吉焦/吨产品，但会增加用电 0.0006 吉焦/吨产品。投资成本预估 1.3 美元/吨产品，操作维修成本会增加 0.11 美元/吨产品，回收年限预估超过 50 年。

（3）冷轧。

这部分提到的能效措施是专门适用于冷轧的。

1）退火生产线热回收

退火生产线可经由废热产制蒸汽或在退火炉上安装蓄热或复热式燃烧器达到热回收目的。借由各种热回收措施如蓄热式燃烧器、隔热改善、制程管理及变速装置等，可减少能耗40%，约相当于节省燃料0.3吉焦/吨产品和电力0.011吉焦/吨产品。荷兰某厂一套冷轧机投资费用预计为4.2美元/吨产品，回收年限估计为4年。

2）酸洗生产线减少蒸汽使用

在酸洗生产线的热盐酸槽上加盖或放置浮球可减少蒸发损失，估计节能高达17%，或0.19吉焦/吨产品。预估投资成本4.4美元/吨产品，回收年限为7年。

3）自动监测及锁定系统

在冷钢带轧延机上安装自动监测和锁定系统以改进操作效率能减少电力需求。英国某钢厂之轧延机应用该系统后减少能源需求将近15%~20%或电力0.22吉焦/吨产品。安装成本估计为1.72美元/吨产品或1美元/吨粗钢，回收年限预估为0.8年。

7. 精整

该部分是集成钢铁生产装置和电弧炉中的精整环节的潜在能源削减机会。

（1）电解浸洗生产线的极间绝缘。

旧有钢铁电解浸洗制程仅有30%的电流效率，借由极间绝缘可减少极间短路电流，从而提高电流效率。实验显示，电流效率可由极间无绝缘的 20% 提高到有绝缘的 100%，但完全绝缘会使污泥累积在以钢带为阳极的阳极室，导致不均匀电解，从而增加保养频率。若在阳极钢带与阴极间维持 66% 以内的绝缘面积，则可在有效提高制程效率和维持电解液良好循环与均匀性之间取得平衡。此法易于在现有设备上应用。

（2）连续退火。

连续退火炉可将传统批次式退火制程（即电解浸洗—退火—冷却—重卷）整合成一个连续的生产线，以达到有效节能及提高产量的目的。例如，有一个冷轧制程的连续退火炉的退火时间仅需 30 分钟，并且燃料耗用减少 33%，而传统批次式则需 10 天。

连续退火的能耗因其使用的冷却设备类型不同而有相当的差异，抽吸式冷却辊用电仅为气流喷射系统的 14%。连续退火设备投资成本相当高。例如，Midwest 一个待建的 45 万吨/年的连续退火设备预计成本为 2.25 亿美元，且回报时间暂时未知。

8. 提升能效的一般性措施

该部分是集成钢铁生产装置和电弧炉中一般性的提高能源效率的措施。

（1）预防性维修。

培训及良好的后勤计划有助于降低整个工厂运行的能源消费。一般估计可以节约 2% 的能源，或者说节约燃料 0.45 吉焦/吨产品，节约电力 0.04 吉焦/吨产品。一项估计认为，每年的运行费用为每个工厂 16600 美元，或者大约 0.02 美元/吨粗钢。

（2）能源监测与管理系统。

能源监测与管理系统有助于工厂各工序之间实现最优的能源回收和分布，可以降低能源消耗 5%，或者说节约燃料 0.12 吉焦/吨产品，节约电力 0.01 吉焦/吨产品。在荷兰的一家工厂，一套监测和管理系统的成本大约为 0.23 美元/吨粗钢，投资成本为 120 万美元，回报年限为 0.5 年。

（3）热电联产。

所有的钢铁厂运行时都同时需要电力和蒸汽，因而可以建设热电联产系统。现代热电联产系统是基于带有废热回收锅炉的汽轮机，较大规模地集成蒸汽机和汽轮机循环，或者联合应用高压蒸汽锅炉（燃料锅炉或废热锅炉）与蒸汽轮机。热电联产系统的类型或者型号取决于各工厂站点的特点，包括焦炉、高炉和转炉的尾气质量，设备的蒸汽需求以及自备电厂和从电网购电的经济性对比。依据站点和技术的不同，热电联产系统的投资成本大约在每度电 900~2500 美元，预估超过 22.7 美元/吨粗钢，回报年限为 6 年。已经有超过 30 个钢铁和炼焦厂安装了热电联产系统。最新的炼焦厂都从电池槽中回收废热以生产蒸汽或发电，大多数集成钢铁厂都使用富余的焦炉煤气或高炉煤气供热电联产装置使用。

热电联产系统在发展和部署的时候会遇到障碍，有些会产生较大影响，比如当地电力公司限制它们的使用。因而在热电联产系统安装之前需要基于一例一议的原则根据相关政策做出有效应对。

（4）高效的动力系统。

由于钢铁厂所用的动力系统数量很多，因此可以考虑一个系统性的能效措施，为所有的动力系统（发动机、驱动、泵、风机、压缩机、控制器）提供节能机会，通过进行能源供给和需求的评估来优化整体性能。这一系统性的能效措施至少应包含以下因素：①战略性的发动机选择；②运行；③合适的尺寸；④可调速驱动；⑤功率因素补偿；⑥最小化电压不平衡。

钢铁行业的动力系统的整体能源消耗估计为 220 亿度电。美国能源部认为，通过使用更加有效率的设备可以实现节能 12%。一项估计认为，动力系统节能约为 0.35 吉焦/吨。回报年限为 1~3 年。

动力管理计划和其他效率提升计划可以在现有设备上实行，新建工程设计也应当加以考虑。

9. 电弧炉炼钢的能效措施

这部分描述了专门适用于电弧炉的提高能效机会。电弧炉厂的铸造、辊轧、整制等环节的能效措施同集成钢铁厂一样。

（1）改善流程控制（神经网络系统）。

流程控制可以优化操作，从而大幅度节约电力消耗，这一点已被世界范围内的许多例子所证实。现代控制系统使用了大量传感器，所以相比旧的控制器而言，性能更优。电弧炉的控制和监测系统正在向流程变量（如铁水温度、碳浓度、分解距离）的实时集成监测和诸如石墨注入、氧气喷枪等的控制而发展。例如，神经网络系统分析数据并仿真最好的控制器，然后帮助降低电力消耗，并且超出经典控制系统的上限。神经网络系统比经典控制系统更加节能。对于电弧炉来说，神经网络系统平均可以节能 8%，相当于 0.14 吉焦/吨。此外，生产能力提高 9%~12%，电极消耗减少 25%。投资成本估计为每个炉子 372500 美元，节约成本 1.5 美元/吨，回报期估计为半年。

通过监测电炉的尾气流速度和构成，可以增强炉子中的化学能源的使用。尾气后燃烧的详细监测可以通过一个光学传感器实现，使用监测数据作为控制系统的输入，就可以在线控制尾气后燃烧。这项措施有很多好处，比如节能，缩短通电时间，减少天然气、氧气和碳消费以及降低耐火材料耗损。已经证实，如果根据一氧化碳和二氧化碳浓度的实时数据来连续地控制后燃烧的氧气注入，可以提高 50% 的火焰化学能量回收，相比于提前设定好节点的操作。

墨西哥 Monterrey 附近的 Hylsa's Planta Norte 厂和华盛顿州 Seattle 的 Nucor 都安装了能够连续监测一氧化碳、二氧化碳、氢气和氧气以控制后燃烧的系统。该系统可以节约电力 2%～4%，节约天然气 8%～16%，节约氧气 5%～16%，碳装料和注入各 18%。同时，效益提高 1%～2%，电极消耗降低 3.5%～16%，生产能力提高 8%。

尽管神经网络系统的生产商称效率提升是巨大的，但行业代表认为这项提升同样可以通过一个训练有素的操作员操作一个管理良好的系统来实现。使用合适的工具测量炉子的操作参数和少于神经网络的电气监测设备，一个训练有素的操作员可以低成本地达到或超过计算机系统的表现。任何回报期小于一年的，能够节能、节电或者节约燃料的措施都是应该鼓励的。

（2）变速驱动。

由于烟道气流随时间而变化，使用变速驱动可以使集尘风机在运行过程中实现节能。烟道气流变速驱动已被安装在许多国家，如德国、英国等。节电估计为 0.06 吉焦/吨，集尘率降低了 2%～3%，总的能源使用降低了 67%。投资成本估计为 2 美元/吨，回报期估计为 2～3 年。

（3）超高压变压器。

超高压变压器有助于减少能源损失和增加产能。超高压电炉是指带有超过 700 千伏安/吨热单位的变压器容量的电炉。超高压操作可能导致热量波动和耐火材料耗损增加，因而使炉面板冷却是必须的。这部分热损失部分抵消了节电量。总的能源节约估计为 0.061 吉焦/吨。许多电弧炉已经安装了新的变压器和电力系统以增加电炉的功率，例如，Co-Steel（Raritan, NJ）, SMI（Sequin, TX）, Bayou Steel（Laplace, LA）和 Ugine Ardoise（France）。投资成本估计为 4.3 美元/吨，回报时间估计为 5.2 年。

（4）底部搅拌气体注入。

底部搅拌气体注入是指将一种惰性气体注入电弧炉的底部，从而增强金属之间的热量传递。此外，炉渣和金属间增强的相互作用，可以增加液态金属出产5%。有氧气注入的炉子旋转强度已经足够，不再需要惰性气体的注入。加强搅拌可以节电 0.04~0.08 吉焦/吨，节约净生产成本 0.8~1.6 美元/吨；如果将增加的铁水产量也考虑在内的话，成本节约在 1.4~3.4 美元/吨。节电在 0.072 吉焦/吨。改进现有炉子（耐火材料成本增加、安装鼓风口）的投资成本在 0.94 美元/吨，惰性气体购买成本为 2 美元/吨。因产量增加而节约的成本为 5.5 美元/吨，回报期为 0.2 年。

（5）泡沫渣应用。

泡沫渣覆盖在电弧和金属表面，可以降低辐射热损失。泡沫渣可以通过注入碳（颗粒碳）和氧气或者仅仅使用氧气冲击形成。尽管电弧电压会增加，泡沫渣仍然可以增加电功效率至少 20%，净节能量（扣除生产氧气的能耗）在 0.02~0.028 吉焦/吨铁。此外，使用泡沫渣还可以降低冶炼周期从而增加产能，产能增加大致相当于 2.9 美元/吨钢。投资成本为 15.6 美元/吨容量，回报时间为 4.2 年。

（6）富氧燃烧。

在美国，大部分电弧炉都使用富氧燃烧。富氧燃烧通过增加金属流速度、降低电力和电极材料消耗而增加炉子的有效容量，从而减少温室气体排放。

使用富氧燃烧还有一些其他的益处：增强热传递，减少热损失，降低电极消耗，缩短冶炼周期。而且，注入氧气有助于从铁溶液中移除磷、硅、碳等杂质元素。钢铁厂商目前正在广泛使用固定壁挂式富氧燃烧器和混合喷枪燃烧器，在金属融化的初始阶段以燃烧器模式运行；当液态熔融物形成后，燃烧器变换成氧气喷枪的模式运行。节电量波动在 11~20 吉焦/立方米氧气。天然气注入量为 10 标准立方英尺/千瓦时，能源节约量为 0.72~0.14 吉焦/吨。每年由于冶炼周期降低而节约成本 7.1 美元/吨。改造一个 110 吨电弧炉的投资成本为 7.5 美元/吨。回报时间为 0.9 年。

（7）管道气的后置燃烧。

后置燃烧是指利用钢水熔融物中排放出来的一氧化碳和氢气中的化学能量来加热电弧炉钢水包或者预热碎块到 300~800℃。它可以降低电能需求，增加电弧炉产能，还可以减少袋式除尘器排放，降低尾气系统温度，并使伴随有快速一氧化碳释放的温度快速攀升过程用时最少。后置燃烧有助于优化氧气效益和燃料注入。涉及大量装料碳或粗钢的电弧炉操作在矿渣熔解时特别适合应用一氧化碳后置燃烧技术。

保证后置燃烧在熔解阶段就完成以便炉渣仍然能够吸收产生的热量是非常关键的。注射孔应当被放置得足够低以增加一氧化碳在炉渣中的停留时间，以便于热量传递。氧气流应当低速推动炉内气体的混合，避免炉渣氧化和氧气从炉渣逃逸到水冷组件。注射器也应当注意冷却，因为后置燃烧区域通常容易过热。为了更加广泛地分布化学能量，并且使效能优化，应将后置燃烧的氧气流并且在炉子更冷的区域隔开注射器。一个典型的后置燃烧系统，节电在 6% ~ 11%，冶炼周期缩短 3% ~ 11%，因操作条件而异。关于投资成本或回报时间暂时没有信息。

这项技术在美国得到了广泛应用，被认为是一氧化碳排放的最佳控制技术。

（8）直流电弧炉。

欧洲最早使用了直流电弧炉，北美使用这种单电极炉子也有超过20 年了。这种技术一般仅限于安装新设备，因为旧设备的改造成本太高。

在直流电弧炉中，使用单电极，而容器底部作为阳极存在。由于具有使用溶液中的电流产生的热力和磁力的独特特征，这种直流电弧炉相比三相交流电炉可以节电约 5%。此外，它还具有其他特征，包括更高的融解效率和更长的炉床寿命。耗电量为 1.8 ~ 2.2 吉焦/吨铁水，电极消耗是常规炉子的 1/2，对应 1 ~ 2 千克/吨铁水。这种直流措施仅用于大型炉子，净能源节约量为 0.32 吉焦/吨，相比新的交流电弧炉，节约量为 0.036 ~ 0.072 吉焦/吨，不过，超出交流炉的额外成本为大约 6.1 美元/吨容量。回报时间为 0.7 年。

直流电弧炉的设计可降低噪声和电波动，增加效率，降低电极损耗。2007 年，美国有 8 个直流驱动电弧炉在运行，墨西哥有一个；最早安装的一个在 1991 年，生产厂家包括 Fuchs、NKK/United、MAN GHH 和 Voest - Alpine。目前使用这种技术的厂商包括 Charter Steel，Florida Steel，Gallatin Steel，North Star Steel 和许多 Nucor 厂家（例如，Blytheville，AR；Berkeley，SC；Decatur，AL；Hertford，NC；Norfolk，NE；Darlington，SC）。

(9) 碎矿石预热。

矿石预热可以在矿石装料篮、竖式炉的装料管或者是专门设计的矿石传输系统（能够在融解阶段实现连续装料）中进行。矿石预热在日本应用得非常广泛，而美国目前运用的是高炉气预热。矿石预热可以节能 0.016~0.2 吉焦/吨，缩短冶炼周期 8~10 分钟。一个著名的应用于新的带有连续装料电弧炉的例子是 Consteel 工艺，目前用在 Charlotte，NC，Knoxville，TN 和 Sayreville，NJ 的 Gerdau - Ameristeel 设备中以及 Darlington，SC 和 Hertford，NC 的 Nucor 设备中。

由于用电弧炉的余热来预热矿石，降低了电弧炉的电耗。Consteel 工艺由一个传送带构成，通过一个管道来传送矿石。除了节能外，Consteel 工艺还可增加 33% 的产能，降低 40% 的电极损耗，降低烟尘排放。节电量在 0.22 吉焦/吨，投资成本为 320 万美元（每 50 万吨/年产量），或者每吨产品 7.8 美元，每年成本节约为 3 美元/吨，回报时间为 1.3 年。从温室气体减排来说，除站点直接发电外，都采用间接的形式（如发电厂）。

由于矿石预热将矿石金属暴露在比电弧炉中温度低的环境中，一些标准污染物如挥发性有机化合物可能会产生。而挥发性有机化合物一般在电弧炉的尾气系统中得到充分燃烧。在 Consteel 的例子中，这些标准污染物同样在尾气系统中产生。

（10）竖式炉的矿石预热和后置燃烧。

竖式炉（单式和双式）技术由 Fuchs 率先在 1980 年尝试。从 2005 年开始，VAI Fuchs 炉子作为 SIMETALCIS 电弧炉而广为人知。单式竖式炉节电量可以达到 0.28 吉焦/吨铁水，大约是入炉电量的 25%。精确的节能量取决于所用矿石种类和后置燃烧程度（氧气水平）。对于手指式竖式炉来说，冶炼周期可以缩短至 35 分钟，相比不带有效矿石预热的电弧炉节约了 10~15 分钟。这项工艺可以降低电极损耗，增加效益 0.25~2 个百分点，增加产量 20%，降低尾气烟尘排放 25%。以一个 100 吨的炉子为例，改进费用估计为 9.4 美元/吨，生产成本节约在 6.7 美元/吨，回报时间估计为 1 年。

应当注意到，它有研究证明，这种电弧炉可能导致高量的一氧化碳产生。

（11）工程耐火材料。

电弧炉中的耐火层需要承受极端条件，如超过 1600℃的高温、氧化、热震荡、侵蚀和腐蚀。这些极端条件一般会导致耐火层损耗。耐火层可以由一个受到控制的微型结构提供：统一被碳和碳化物包裹的铝颗粒和莫来石微球。耐火材料可以烧结或铸造，因而可以广泛用在电弧炉设备中（如高炉、钢水包炉子、钢容器等）。耐火层可以在传输工序中减少钢水包泄漏和炉渣形成，节能为 0.04 吉焦/吨钢。

（12）密闭式作业。

大量空气进入电弧炉：一个 150 吨的容量大约为 3 万立方米的标准

电弧炉，热持续 1 小时。这些空气进入炉子时，由于于周围环境的温度高，气体中的氮和惰性氧在炉子中被加热，在尾气中以 980℃ 的高温排出，导致明显的热损失。根据 Arcelor 研究得出的一个 6 吨电弧炉的试点试验结果，一个带有后置燃烧和有效尾气控制的密闭工艺的工业炉子（现有电耗 1.8 吉焦/吨），潜在节能量为 0.4 吉焦/吨。其中，大约 80% 的节约量可以归结为尾气热损失的降低，其余的 20% 是由于冶炼周期的缩短。尾气可以用作后置燃烧气的燃料，降低燃烧器的天然气需求。

需要对电弧炉中的矿石装料连续地进行评估，然后平衡需求以控制电弧炉的排放，这是导致电弧炉操作失败的首要原因。这种操作复杂性还因矿石的高可变性而发生变化，从而使需要能量增加。当电弧炉操作员尝试控制这些变量时，矿石的波动相比其他因素更多地决定了优化工艺的范围。操作复杂性还会由于操作惯性而增加，因为操作员倾向于更高地估计排气率。而预估排气增加会导致在单位时间消耗更多能量，因而改善的能效可能被部分抵消。在密闭性、矿石密度和炉子取样口之间找到平衡是必须的。完全的密闭操作是不可能的，但是可以进行渐进性改善。

（13）Contiarc 炉。

Contiarc 炉是由处于中部竖管和外部炉壁之间的圆环连续供料的炉子，并且装料不断地被上升的流程气所预热，而物料持续向下，二者方向正好相反。在中部竖管下面是一个"自由溶解量"的凹形物。Contiarc 炉的优势包括：①相比常规炉降低能耗 0.8 吉焦/吨；②尾气和烟尘量显著减少，因而减小烟气清洁系统容量，降低电耗 0.091 吉焦/吨；③密闭炉的包裹层捕捉了所有一次排放和几乎所有二次排放；④降低电极损耗（相比一个典型的交流炉大约降低 0.9 千克/吨）。

（14）尾气监测和控制。

变速驱动可以降低尾气风机能耗，反过来减少尾气中的损失。节电量估计为 0.054 吉焦/吨，投资成本为 3.1 美元/吨，回报周期为 2~4 年。然而，在实践中，尾气监测系统的作用有限，因为其提供的信息包含了大部分变速驱动系统提供的信息。操作员发现，由于矿石碎块的波动和能量的波动，变速驱动系统不能发现发生在电弧炉中的问题。这些因素影响电弧炉排放和设备达标能力。

（15）偏心炉底出钢。

偏心炉底出钢可以实现无渣出钢和更短的冶炼周期，降低耐火层和电极损耗，增加钢水包寿命。节能量估计为 0.054 吉焦/吨。在加拿大工厂，一个年产量 69 万吨的炉子改进成本为 330 万美元或者 5 美元/吨，回报年限为 7 年。

（16）双层炉。

双层炉是指带有一个普通电弧和供电系统而具有双层外壳的电弧炉。这种系统通过缩短冶炼时间增加产能，通过减少热损失降低能耗。一个双层炉相比单层炉节电 0.068 吉焦/吨，生产成本相比单层炉低 2 美元/吨，投资成本预计超过单层炉 9.4 美元/吨，回报时间为 3.5 年。

附录 C 中国钢铁行业节能减排重点技术展望

1. "十三五"期间技术展望

"十三五"期间，我国钢铁行业应以提升能源利用效率为目标，加快应用先进节能低碳技术装备，重点开展工艺和装备技术的重大变革，研发推广中低温余热资源关键共性技术、能源高效转换技术、能源自动化管控技术、减少二氧化碳排放技术等（见附表 1）。

附表 1　"十三五"期间重点技术展望

工序	重点技术
焦化	8 米大型顶装焦炉和 6.25 米以上大型捣固焦 焦炉烟道气煤调湿技术（CMC） 焦炉荒煤气显热回收利用技术 焦炉上升管余热利用技术 焦炉煤气高附加值资源化技术 焦炉配加废塑料技术等
烧结、球团	大型带式焙烧机球团技术 烧结烟气循环富集技术 烧结机低温余热资源综合利用技术 烧结机高效密封减少漏风率技术等 烧结竖罐式余热发电技术

续表

工序	重点技术
炼铁	非高炉炼铁工艺技术 1280℃以上高风温技术 大型高炉一代炉役 22 年以上长寿技术 铁渣显热回收利用技术 高炉煤气富化和重整技术 高炉冲渣水余热利用技术
炼钢、轧钢	钢渣显热回收技术 转炉煤气综合利用技术 干式真空精炼技术 电炉入炉废钢洁净化技术 无头轧制技术 连铸连轧技术
全部工序	燃气—蒸汽联合循环发电（CCPP）技术 高参数全燃煤气机组技术 全厂性能源管控中心技术 全厂各种中、低温余热利用技术（低温水、发电乏汽、废烟气等） 利用新能源减排二氧化碳技术（风能、太阳能、海水等，核能、氢能等） 二氧化碳捕集、利用和储存技术 低碳冶金技术（日本 COURSE50、欧盟 ULCOS 等）

2. 未来需要重点关注的新技术

（1）SCOPE21 炼焦技术。

SCOPE21 是 Super Coke Oven for Productivity and Environment Enhancement toward the 21st Century 的缩写，即面向 21 世纪高效与环保型超级焦炉。SCOPE21 炼焦技术以有效利用煤炭资源、提高生产率、实现环保—节能为目的，是一种具有革新意义的新型工艺。实际上，SCOPE21 炼焦技术就是将当今世界炼焦行业的各种先进技术措施如流化床煤干燥、快速加热煤预热、DAPS（使煤水分降至 2% 的预先压块技术)、型煤、高密度硅砖、低氮氧化物排放、干熄焦、密闭推焦、管道密闭装煤、焦炭焖炉改性等集成优化在一个炼焦系统上,以取得最佳节能减排效果。

SCOPE21炼焦技术由煤预处理、干馏、出炉和焦炭改性等三个基本工序组成。首先,将煤炭进行干燥、分级后,分别将粗粒煤和煤粉快速加热至330~380℃,用热成型机使煤粉成型,并与粗粒煤混合。其次,将经高温加热的煤炭装入具有高热传导率的薄壁焦炉的炭化室内,以中低温均匀干馏,最后,将出炉的焦炭在CDQ(干熄焦)中再加热至通常干馏温度水平(约1000℃)来确保焦炭的质量。

(2)高炉喷吹焦炉煤气技术。

高炉喷吹焦炉煤气技术是指将焦炉煤气经过净化处理,通过设备加压至高于高炉风口的压力,然后利用喷吹设施,通过各个风口直吹管喷入高炉。高炉喷吹焦炉煤气技术的最大问题是焦炉煤气的来源,作为优质燃料的焦炉煤气在钢铁厂普遍存在着供应紧缺的现象。我国目前存在着大量独立的焦化厂,存在产生的大量焦炉煤气直排放散的现象,每年白白烧掉的焦炉煤气造成的经济损失达数百亿元。如果把这部分焦炉煤气量就近引至现有的钢铁企业,用于高炉喷吹焦炉煤气技术,其产生的累计经济效益是不言而喻的。

(3)高炉炉顶煤气循环技术。

高炉炉顶煤气循环技术(TGRBF)利用二氧化碳捕集技术把高炉煤气分成二氧化碳富集煤气和一氧化碳富集煤气。一氧化碳富集煤气经循环回到高炉内作为还原剂使用,可降低高炉炼铁焦比。二氧化碳富集煤气则经过一次、二次除尘净化和压缩后,送入二氧化碳管网或存储器。另外，往高炉内吹氧替代预热空气，不需要从煤气中分离氮气，可避免氮气在循环过程中的富集，同时有利于煤气中二氧化碳的捕集。该技术属于欧盟超低二氧化碳炼钢项目 ULCOS 研发的内容之一。

（4）非高炉冶炼技术。

1）Corex 熔融还原炼铁工艺

Corex 工艺是针对缺少炼焦煤资源，但有丰富铁矿和非炼焦煤资源的国家和地区而开发的非高炉炼铁工艺。Corex 工艺最初设计使用的主要原燃料是含铁块矿和非炼焦煤，被认为有利于在生产成本和环境保护两个方面超越高炉炼铁工艺。Corex 工艺采用块矿、球团或烧结矿为含铁原料，用块煤和少量焦炭作为还原剂并提供热量。铁氧化物的预还原及终还原分别在两个反应装置（预还原竖炉和熔融气化炉）中进行。预还原竖炉将含铁原料还原为海绵铁加入熔融气化炉中，熔融气化炉对海绵铁进行进一步还原，并对铁水成分进行控制，生产出类似于高炉的铁水，并产生大量的高热值煤气，一部分作为预还原竖炉的还原气，另一部分输出利用。

Corex 工艺改进了高炉炼铁技术，取得了商业成功，但同时也存在一些缺点：与高炉相比，Corex 工艺更多地依靠间接还原，存在料柱透气性问题，为保证预还原竖炉料柱的透气性，必须使用块矿、烧结矿、球团矿或这些原料的块状混合物，因此必须配有造块设备；对入炉块状原料的理化性能要求很高，从而提高了原料成本；生产实践证明，要依靠焦炭床来保护炉缸，稳定生产，就无法摆脱对焦炭的依赖（焦比为10%~20%），尤其是大型化后，每吨铁水的焦比会超过 200 千克/吨；从熔融气化炉抽出的高温煤气经净化后，从大于 1100℃ 降至 800~850℃，温度损失了 250℃ 左右，热效率比不上高炉；预还原竖炉炉料的金属化率波动大；操作影响因素多，在炉体中部的高温区使用了排料布料活动部件，使设备维修成本及热损失增加，且个别设备还不够成熟，利用率不高；Corex 工艺虽然采用了全氧冶炼，但按炉缸面积计算的生产率并不高，仅为高炉的 70%~90%，根本原因在于，虽然全氧熔炼速率很快，但受到上部竖炉铁矿还原速率的限制。对于一定产能的 Corex 熔融还原工艺，下部熔融气化炉的操作必须与上部的竖炉铁矿还原情况相匹配，才能达到较好的技术经济指标。

2）Finex 炼铁工艺

Finex 工艺是在 Corex 工艺基础上进行的创新，是直接使用粉矿和煤粉炼出铁水的工艺。在 Finex 工艺中，将铁矿粉在三级或者四级流化床反应装置中预热和还原。流化床上部反应器主要用于进行预热，后几级反应器是铁矿粉的逐级还原装置，可以把铁矿粉逐级还原为 DRI 粉。之后，DRI 粉或者直接装入熔融气化炉，或者经热态压实后以热压铁（HCI）的形式装入熔融气化炉。在熔融气化炉中，装入的 DRI 粉和 HCI 被还原成金属铁并熔融。Finex 工艺生产过程中产生的煤气是高热值煤气，可以进一步用于 DRI 或者 HBI 的生产或者发电等。

3）ITmk3 直接还原炼铁工艺

神户制钢以转底炉工艺为基础，开发出称之为 ITmk3 的直接还原铁工艺，生产出一种名为粒铁（Iron nuggets，铁块中铁占 97%、碳占 2%，比重为 4.4 克/立方厘米）的产品。ITmk3 的设计概念与以往的碳复合材生产法不同，可以定位为第 3 代炼铁法。

ITmk3 法与 Fastmet 法一样，都是将粉矿石和粉煤混合后用造球机制成碳复合球团矿，然后用干燥机进行预干燥后装入 RHF。当在 RHF 内把碳复合球团矿加热到 1350~1450℃时，由于一氧化碳气体的生成和一氧化碳气体对氧化铁的还原反应，会生成金属铁，同时金属铁会加快渗透。结果渣会在比高炉低的温度下以更快的速度从铁中分离出，熔融铁凝固成粒状。然后，凝固的熔融铁和渣冷却后被排出 RHF 外。这一系列的反应用时约 8 分钟，铁与渣的分离清晰。ITmk3 法的主要优点是对使用原料的适应性强，能生产附加值高的产品。粒铁无渣，铁含量高并含有适量的碳，具有良好的化学性能和物理性能，有利于运送和储藏时的装卸，熔化特性好，因此作为转炉和电炉炼钢用原料，有助于提高钢水产量和质量，降低能耗。

4）HIsarna 熔融还原工艺

Isarna 是一种新型熔融还原工艺，应用了反应炉中煤预热和部分高温分解技术、矿粉旋涡熔融技术，以及矿粉还原生成铁水的熔融炉技术，即煤在一个密闭的双螺旋反应器中预热（不向大气中排放有害气体），转化成热炭后，热装入炼铁熔炼炉。在将铁矿粉加入炼铁熔炼炉的同时，用氧枪吹氧使炉内形成旋涡气流，使铁矿粉在炼铁熔炼炉中发生还原反应，生成铁水。由于直接用精矿粉和煤冶炼，免去了烧结和焦化工序，且整个工艺过程的热量流都是直接相通的，从而避免了原料与工业废气的中间处理过程导致的能量损失。该工艺具有很大的灵活性，可以使用生物能源、天然气或是氢替代部分煤。

与传统高炉工艺相比，Isarna 工艺可大大减少煤的消耗，相应地减少二氧化碳的产生量。Isarna 工艺实现了几乎所有煤气的利用，该工艺是全氧的，炉顶煤气中没有氮气，因此，该工艺中炉顶煤气在二氧化碳储存前只需经过简单处理。

Isarna 工艺与 HIsmelt 技术一体化，将 Isarna 的熔融旋涡熔炼炉和 HIsmelt 熔融炉相结合，并伴随喷吹纯氧。该项目被重新命名为 HIsarna，以反映两种概念的合并。采用该工艺有望减少 20% 的二氧化碳排放。如果配合 CCS，二氧化碳排放量将降低 80%。

5) ULCORED 直接还原工艺

ULCORED 工艺就是以天然气、煤/生物质气化产生的合成气或氢气为还原剂，直接还原铁矿石。该工艺根据还原气的不同，又可分为天然气基 ULCORED 与合成气基 ULCORED。

该技术的研发目标是优化还原气体，使二氧化碳的排放量最小化。还原气体是天然气或来自煤或生物质气化产生的合成气体。新的 ULCORED 概念是通过天然气的部分氧化替代传统热交换器，在煤气净化处理过程中回收利用炉顶煤气和热 DRI 的余热，意图使天然气耗量降到最低。部分氧化产物被送入一个反应器以转换煤气成分，发生如下列反应：$CO+H_2O \rightarrow CO_2+H_2$，之后进入二氧化碳洗涤净化阶段。用这种方式，可单独收集所有的二氧化碳。在地质封存前，需将二氧化碳充分净化。ULCORED 工艺也是欧盟 ULCOS 项目研发的突破性技术之一。

（5）薄带连铸技术。

薄带连铸技术将连续铸造、轧制甚至热处理等整合为一体，简化了从钢水到热钢卷的生产工序，生产的薄带坯稍经冷轧就一次性形成工业成品，简化了生产工序，缩短了生产周期，实现了铸轧一体化。与传统连铸热轧工艺相比，薄带连铸技术更加节能、环保。

薄带连铸技术因结晶器的不同分为带式、辊式、辊带式等，其中研究得最多、进展最快、最有发展前途的为双辊薄带连铸技术。该技术在生产 0.7~2 毫米厚的薄钢带方面具有独特的优越性，其工艺原理是将金属液注入一对反向旋转且内部通水冷却的铸辊之间，使金属液在两辊间凝固形成薄带。双辊铸机依两辊辊径的不同，分为同径双辊铸机和异径双辊铸机；按两辊布置方式不同，分为水平式、垂直式和倾斜式三种，其中，同径双辊铸机发展得最快。